essentials

essentials liefern aktuelles Wissen in konzentrierter Form. Die Essenz dessen, worauf es als „State-of-the-Art" in der gegenwärtigen Fachdiskussion oder in der Praxis ankommt. *essentials* informieren schnell, unkompliziert und verständlich

- als Einführung in ein aktuelles Thema aus Ihrem Fachgebiet
- als Einstieg in ein für Sie noch unbekanntes Themenfeld
- als Einblick, um zum Thema mitreden zu können

Die Bücher in elektronischer und gedruckter Form bringen das Expertenwissen von Springer-Fachautoren kompakt zur Darstellung. Sie sind besonders für die Nutzung als eBook auf Tablet-PCs, eBook-Readern und Smartphones geeignet. *essentials:* Wissensbausteine aus den Wirtschafts-, Sozial- und Geisteswissenschaften, aus Technik und Naturwissenschaften sowie aus Medizin, Psychologie und Gesundheitsberufen. Von renommierten Autoren aller Springer-Verlagsmarken.

Weitere Bände in der Reihe http://www.springer.com/series/13088

Michael Jacob

Kundenmanagement in der digitalen Welt

Springer Vieweg

Michael Jacob
Zweibrücken, Deutschland

ISSN 2197-6708 ISSN 2197-6716 (electronic)
essentials
ISBN 978-3-658-20066-4 ISBN 978-3-658-20067-1 (eBook)
https://doi.org/10.1007/978-3-658-20067-1

Die Deutsche Nationalbibliothek verzeichnet diese Publikation in der Deutschen Nationalbibliografie; detaillierte bibliografische Daten sind im Internet über http://dnb.d-nb.de abrufbar.

Gedruckt auf säurefreiem und chlorfrei gebleichtem Papier

Springer Vieweg ist Teil von Springer Nature
Die eingetragene Gesellschaft ist Springer Fachmedien Wiesbaden GmbH
Die Anschrift der Gesellschaft ist: Abraham-Lincoln-Str. 46, 65189 Wiesbaden, Germany

Was Sie in diesem *essential* finden können

- Einen kompakten Überblick zum Thema Kundenmanagement
- Eine Einführung zu technisch relevanten Entwicklungen im Kundenmanagement
- Hinweise zu aktuellen und zukünftigen Kundenerwartungen
- Eine Darstellung von Managementtechniken zur Lösung der zukünftigen Herausforderungen

Inhaltsverzeichnis

1   **Einleitung**   1

2   **Digitale Umwelt von Unternehmen**   5

3   **Digitales Kundenmanagement** 19

Literatur 41

Einleitung

Der steigende Wettbewerb, die Globalisierung und die durch das Internet begünstigte Transparenz der Märkte haben dazu beigetragen, dass der Kunde und dessen Bedürfnisse im Zentrum aller strategischen Entscheidungen eines Unternehmens stehen. Diese **zentrale Rolle der Kunden** verdeutlicht auch der weiter stattfindende Wandel des Marktes von einem Verkäufer- hin zu einem Käufermarkt. Welchen Stellenwert der Konsument einnimmt und welche unternehmerischen Handlungen relevant werden, sind Aspekte, die in diesem Buch thematisiert werden. Der Fokus liegt in der Veranschaulichung des Wandels der Kundenstellung bedingt durch die **Weiterentwicklung der digitalen Umwelt**.

1.1 Kundenmanagement und verwandte Begriffe

Der Begriff **Kundenmanagement** ist nicht eindeutig definiert. Allgemein lassen sich alle unternehmerischen Aktivitäten zur Kundengewinnung (einschließlich der Rückgewinnung) und Kundenbindung darunter subsumieren. Einigkeit herrscht hinsichtlich der angestrebten langfristigen und zugleich gewinnbringenden Geschäftsbeziehung sowie darin, dass der Kunde Wertkomponenten erhalten muss, um Werte für das Unternehmen zu schaffen (vgl. Brasch et al. 2007, S. 29).

Der teilweise als Synonym verwendete Begriff **Customer Relationship Management (CRM)** oder Kundenbeziehungsmanagement stellt den Aspekt der Pflege von Kundenbeziehungen in den Mittelpunkt. Damit kann er als ein Bestandteil des ganzheitlichen Kundenmanagements angesehen werden. Komponenten des CRM sind das analytische, das operative, das kommunikative und das kollaborative CRM, die durch entsprechende IT-Systeme unterstützt werden. Als oberstes Ziel gilt die Steigerung des Kundenwerts. Kundenzufriedenheit und -loyalität tragen

© Springer Fachmedien Wiesbaden GmbH 2018
M. Jacob, *Kundenmanagement in der digitalen Welt*, essentials,
https://doi.org/10.1007/978-3-658-20067-1_1

dazu bei, die Kundenprofitabilität während der gesamten Dauer der Geschäftsbeziehung zu erhöhen (vgl. Meier und Stormer 2012, S. 204).

Die **technologische Entwicklung** und die dadurch resultierende Digitalisierung beeinflussen auch das Kundenmanagement. So ist festzustellen, dass sich die Art und Weise der Kundenkommunikation sowie das Kaufverhalten geändert haben. Bedingt durch diesen Wandel und die steigende Nutzung neuer Medien hat sich auch das Kundenmanagement digitalisiert (vgl. Campanini und Franke 2017). Daher ist oftmals die Rede von **digitalem Kundenmanagement.** Dies beinhaltet alle Maßnahmen zur Kundengewinnung, -bindung und -reaktivierung durch das Internet und allen damit in Verbindung stehenden digitalen Werkzeugen. Die Maßnahmen umfassen dabei auch die vor- und nachgelagerten Aktivitäten der Analyse und Auswertung von Daten zur Identifizierung der Kundenbedürfnisse.

1.2 Entwicklungsphasen der Märkte

Nach dem zweiten Weltkrieg in den 1950er/1960er Jahren herrschte auf den Märkten ein Nachfrageüberhang. Konsumenten standen wenige bis gar keine Alternativprodukte zur Verfügung, die Produktverfügbarkeit und das -angebot war begrenzt. Unternehmen verfolgten in dieser **Phase der Produktorientierung** die Massenproduktion. Dies und eine Erhöhung der Produktionskapazitäten bedingten den Wandel der Märkte in den 1970er Jahren, welche als **Phase der Marktorientierung** bezeichnet wird. In dieser Zeit fand ein Wandel hin zum Käufermarkt statt, insbesondere begründet durch ein Überangebot an Waren und den daraus resultierenden Sättigungserscheinungen. Kunden mussten zum Kauf angeregt werden. Eine differenziertere Marktbearbeitung diente zur Ermittlung und Abstimmung der Bedürfnisse von Zielgruppen und des Angebots. Die homogene Entwicklung der Unternehmen in Bezug auf das Produktangebot und ihre Marketingaktivitäten, prägten in den 1980er Jahren die **Phase der Wettbewerbsorientierung.** Vonseiten der Unternehmen verstärkte sich in dieser Phase der Wettbewerbsdruck. Die Kundengewinnung bzw. der Produktabsatz war primär bestimmt von einer positiven Differenzierung von der Konkurrenz und deren Leistungen. Bis in die 1990er Jahre spitze sich dies zu und resultierte in der **Phase der Kundenorientierung.** Kunden wiesen in dieser Phase verstärkt ein hybrides Kaufverhalten auf, wobei die Leistungserwartung zum einen preisgünstig und zugleich erlebnisorientiert geprägt war. Die Erwartungen der Kunden wurden zunehmend heterogen und schlugen sich in einer Forderung nach individueller Behandlung in Anlehnung an ihre spezifischen Bedürfnisse nieder. Bereits in dieser Phase wurde die heute bedeutsame Zufriedenheit und Bindung der Kunden an das Unternehmen als entscheidende Erfolgskomponente geprägt. Die anschließende **Phase der Beziehungsorientierung** ab dem Jahre 2000 resultierte aus der Erkenntnis, dass das Leistungsspektrum eines Unternehmens nicht nur das Produktangebot, sondern auch die Interaktion mit den Kunden umfasst. Primäres Ziel dieser Haltung war eine nachhaltige Kundenbindung. In dieser Phase wurde auch der Begriff Beziehungsmarketing geprägt, welcher eine Beziehungsführerschaft als Marketingziel verfolgte. Als aus heutiger Sicht vorletzte Phase entwickelte sich die **Phase der Netzwerkorientierung** als Resultat der Entwicklung in der Informations- und Kommunikationstechnik (IKT) und der dadurch begünstigten Globalisierung und Liberalisierung der Märkte. Kunden waren vernetzter und hatten die Möglichkeit Informationen und Produkte gezielter zu beziehen und zu vergleichen. Dadurch standen Unternehmen zunehmend unter einem Wettbewerbsdruck, der auch als Hyperwettbewerb bezeichnet wird. Um diesem Druck begegnen zu können, bildeten Unternehmen Netzwerke, gingen Kooperationen ein und bildeten strategische Allianzen. Heute spricht man von der **Phase der Wertorientierung,** die seit dem Jahre 2010 bei der Planung von Unternehmensaktivitäten Berücksichtigung findet. Dabei erfolgt eine verstärkte Integration des Kunden in den Wertschöpfungsprozess, wodurch ein Wandel vom Anbieter-Abnehmer-Modell hin zur integrativen Wertschöpfung stattgefunden hat. Dies liegt in der Forderung der Kunden begründet, individuelle an sie angepasste Produkte und Dienstleistungen konsumieren zu wollen und zugleich einen hohen Grad an Services zu erfahren. Die Phasen sind in der Abb. 1.1 zusammengefasst (vgl. Bruhn 2016, S. 6–10).

Damit Unternehmen diesen Forderungen nachkommen können, bieten technische Entwicklungen eine Vielzahl an Möglichkeiten.

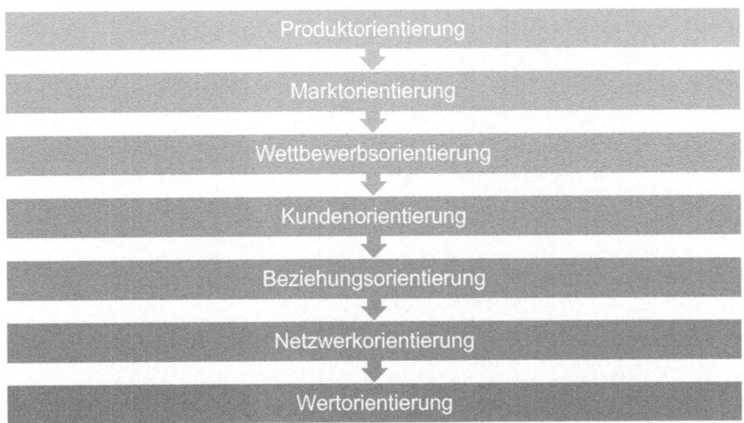

Abb. 1.1 Entwicklungsphasen im Kundenmanagement

Digitale Umwelt von Unternehmen 2

Der technologische Fortschritt und das Verlangen nach neuen Innovationen beeinflussen zunehmend die Entwicklung. Digitale und vernetzte Produkte sind das Ergebnis. Welchen Einfluss zum Beispiel die Entwicklungen Big Data, Virtual Reality, Augmented Reality und der Einsatz von Künstlicher Intelligenz auf das Marketing und den Kunden haben, wird im Folgenden dargestellt.

Wie der technologische Fortschritt wirken auch politisch-rechtliche, wirtschaftliche, ökologische und soziokulturelle Faktoren auf den Wandel der Kundenbedürfnisse und umgekehrt. Hierauf wird an dieser Stelle jedoch weniger eingegangen.

2.1 Technische Basistrends

Bevor ausführlicher auf die Themen Virtual und Augmented Reality eingegangen wird, folgt eine kurze Darstellung aktueller technischer Basistrends.

2.1.1 Smartphones und Smartwatches

Statistiken zufolge steigt die Nutzung von Smartphones weltweit stetig. Laut Statista besaßen in **Deutschland** im Jahre 2016 mehr als 49 Mio. Personen ein Smartphone. Auch in den kommenden Jahren soll die Anzahl der Smartphone-Nutzer weiter wachsen. Marktforscher rechnen für das Jahr 2019 mit mehr als 55 Mio. Nutzern. **Weltweit** gestaltet sich der Anstieg der Smartphone-Nutzer wie folgt: Während im Jahre 2012 noch rund 1,06 Mrd. Menschen zur Nutzergruppe zählten, verdoppelte sich dies bereits im Jahre 2016 auf 2,1 Mrd. Bis zum Jahr

© Springer Fachmedien Wiesbaden GmbH 2018

M. Jacob, *Kundenmanagement in der digitalen Welt*, essentials,

https://doi.org/10.1007/978-3-658-20067-1_2

2020 wird weltweit ein Anstieg auf 2,8 Mrd. Nutzer erwartet. Dies begünstigt die Hypothese, dass das Smartphone den am meisten genutzten Gegenstand darstellt und als **Hauptbegleiter** fungiert (vgl. Statista 2017).

Dieses Wachstum und die intensivere Nutzung haben **Auswirkungen auf die Bedürfnisse der Kunden.** So wollen Kunden und potenzielle Kunden alle Informationen schnell, einfach und insbesondere an jedem Ort vorfinden. Unternehmen stehen dabei vor der Herausforderung, dies zum einen technisch umzusetzen und zum anderen der Erwartungshaltung der Kunden mit neuen Entwicklungen nachzukommen.

Eine Erweiterung bzw. Ergänzung der etablierten Smartphones und Tablets sind **Smartwatches.** Diese sind jedoch bisher meist nur in Verbindung mit einem Smartphone in vollem Umfang nutzbar. Das Senden und Aufzeichnen von Vitaldaten (zum Beispiel Pulsschlag, Schrittanzahl) und GPS-Positionen sind nur einige der möglichen Funktionen, die sich auch mit Marketingmaßnahmen verknüpfen lassen (vgl. Bitkom 2013, S. 22 ff).

2.1.2 Soziale Medien und Messenger

Im privaten Leben sowie im unternehmerischen Umfeld steigt die Bedeutung von sozialen Medien und Messenger. In diesem Buch werden soziale Medien als Oberbegriff verstanden, welche die Teilbereiche soziale Netzwerke als Plattformen einerseits und Messenger als reiner Kommunikationskanal andererseits vereinen. Erhebungen zufolge findet ein stetiges Wachstum in diesen Bereichen statt. Im Jahre 2016 belief sich die Zahl der Nutzer von sozialen Medien **weltweit** auf 2,41 Mrd. Laut Prognose soll die Zahl der Social-Media-Nutzer bis auf 2,95 Mrd. im Jahr 2020 steigen. Zu den größten und damit für Unternehmen wichtigsten sozialen Netzwerken gehören weiterhin Facebook gefolgt von den Messenger Diensten Facebook und WhatsApp. Twitter erscheint erst an achter Stelle nach Instagram und WeChat. Das in Abb. 2.1 dargestellte **Ranking** zeigt die weltweit größten sozialen Netzwerke und Messenger nach der Anzahl ihrer monatlich aktiven Nutzer. Facebook hatte zum Zeitpunkt der Erhebung rund zwei Milliarden monatlich aktive Nutzer weltweit. Die ebenfalls zu Facebook gehörende Social Media Plattform Instagram verfügte über 700 Mio. aktive Nutzer (vgl. Statista 2017).

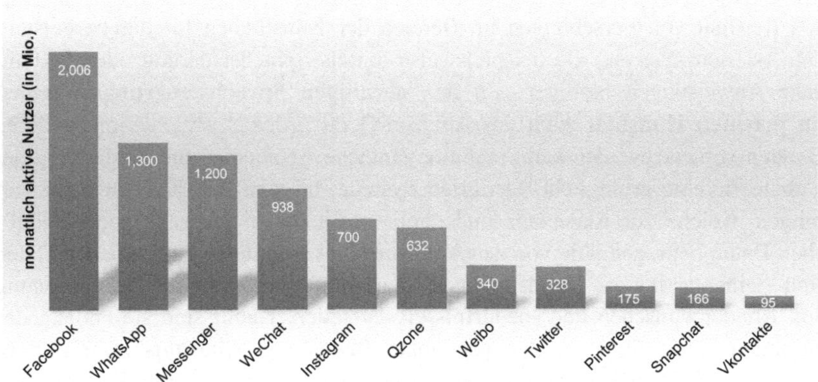

Abb. 2.1 Ranking der weltweit größten sozialen Netzwerke und Messenger. (vgl. Statista 2017)

2.1.3 Big Data

Der **Begriff** „Big Data" beschreibt die Ansammlung unstrukturierter bzw. semistrukturierter Daten, welche täglich in Beziehung zum jeweiligen Unternehmen generiert werden. Hierzu gehören zum Beispiel Sensordaten, Maschinendaten und Daten aus dem World Wide Web. Die erzeugten Daten lassen sich mit Hochleistungsrechnern und intelligenten Algorithmen verdichten und in Echtzeit auswerten. Auch für das Marketing bietet Big Data neue Ansatzmöglichkeiten. Durch die Auswertung von gesammelten Kundendaten (Social-Media-, Kampagnen-, Offline-Daten) kann ein potenzieller Kundenwunsch prognostiziert werden (vgl. CP Monitor 2013).

Aus den gesammelten Daten können Kundenprofile angelegt werden. Allerdings werden die Datenmengen ohne die richtigen Analysewerkzeuge eher zu einer Herausforderung als einer Hilfe. Die wohl für das **Marketing von Shopbetreibern** relevanteste Chance, welche sich mit Big Data realisieren lässt, sind die personalisierten Angebote für Kunden. Anhand der gesammelten Daten kann zum Beispiel ein Webshopbetreiber dem Kunden bereits vorab die für ihn interessanten Produkte gefiltert auf der ersten Seite anzeigen. Ebenfalls realisierbar ist ein „Andere Kunden kauften auch"-Bereich, welcher auf den jeweiligen Produktseiten eingebunden wird (vgl. Molch und Litzel 2016).

2.1.4   Assistenzsysteme

Als Resultat von Forschungen im Bereich der Künstlichen Intelligenz entstanden Assistenzsysteme, die beispielsweise mittels Sprachsteuerung oder Texteingabe Anweisungen befolgen. Zu den neuartigen **Sprachsteuerungssystemen im privaten Haushalt** zählt das Amazon-Gerät „Alexa", welches mit anderen Geräten vernetzt werden kann und eine einfache Bedienung und Steuerung über verbale Befehle ermöglicht. Derartige Systeme bringen den Kunden Erleichterungen, welche zur Akzeptanz und damit verbundenen Freigabe von persönlichen Daten beitragen. Die von den Anbietern dieser Systeme gesammelten Daten sind elementar für das Kundenmanagement, da sie die Basis für die Erkennung von Kundenwünschen und -bedürfnissen darstellen. Damit sind sie entlang des gesamten Kundenlebenszyklus von hoher Bedeutung. **Chatbots im Kundenservice** sind Technologien mit Künstlicher Intelligenz, die eine Konversation mit menschlichen Nutzern simulieren. Richtig angewandt, können Chatbots zur Qualitätssteigerung im Kundenservice beitragen. Im Vergleich zu menschlichen Servicemitarbeitern erfolgt die Serviceleistung kostengünstiger und schneller. Die Kommunikation erfolgt über maßgeschneiderte Antworten, die der Bot durch Fragen an das Gegenüber, eine Analyse von Schlüsselwörtern und die Verarbeitung von Sätzen aus natürlichen Gesprächen generiert. Der ständige Input macht die Bots im Zeitablauf „intelligenter" (vgl. Haufe 2016).

Als Assistenzsystem soll auch die von Facebook erforschte Technik zur **Auswertung von Gehirnströmen** dienen. Mittels empfindlicher Sensoren, die auf der Kopfhaut platziert werden, soll eine Aufzeichnung und Eingabe von bis zu 100 Wörtern pro Minute möglich sein. 60 Forscher sind derzeit damit beschäftigt eine Technik zu entwickeln, die eine derartige Messung und Überwachung der Gehirnaktivität ermöglicht. Visionär ist auch die Option das Gedachte direkt in eine andere Sprache zu übersetzen und dabei sogar als Symbol wiederzugeben und nicht nur als reines Wort. (vgl. FAZ 2017) Vorteilhaft ist aus Unternehmenssicht, dass eine solche Technik großes Potenzial bietet, verstärkt Targeting zu betreiben. Kunden und deren Bedürfnisse sowie Vorlieben können besser identifiziert und gezielter angesprochen werden. Jedoch besteht, wie auch im Fall anderer Erfindungen, die Gefahr des Missbrauchs. So könnten gegebenenfalls auch diejenigen Gedanken ausgelesen werden, die nicht geteilt werden sollen, wodurch die Menschen ungewollt zu gläsernen Kunden werden würden.

2.2 Virtual Reality

Für den **Terminus** „Virtual Reality (VR)" lassen sich in der Literatur mehrere Definitionen finden. Der **Duden** definiert „Virtual Reality" als eine „von Computern erzeugte virtuelle Realität". (vgl. Duden 2017) Eine ausführliche Worterklärung stammt von **Bendel,** welcher „Virtual Reality" als eine computergenerierte Wirklichkeit mit Bild (3D) beschreibt, die entweder in speziellen Räumen auf Großbildleinwänden projiziert (Cave Automatic Virtual Environment, kurz CAVE) oder über sogenannte Head-Mounted-Displays (VR-Brille) übertragen wird (vgl. Bendel 2017).

2.2.1 Funktionsweise

VR-Brillen lassen sich in zwei Hauptgruppen unterteilen. Zum einen existieren komplette **Systeme** bestehend aus einer Brille, Kopfhörern sowie einem Controller. Zum anderen gibt es **einfache Brillengestelle,** bei denen das Smartphone des Käufers als Display und Computer fungiert. Der Immersionsgrad ist bei VR-Brillensystemen bedeutend höher.

Bei VR-Brillen werden auf dem eingebauten Head-Mounted-Display zwei unterschiedliche Bilder gezeigt, welche in ihrer Position derart verschoben sind, dass das menschliche Gehirn daraus ein **dreidimensionales Bild** fertigt. Die perspektivische Differenz wird dabei vom Computer berechnet. Um dieses gefertigte 3D Bild scharf sehen zu können, werden zwischen Augen und Monitor zwei Linsen verbaut, welche das Bild brechen.

2.2.2 Möglichkeiten

Die Möglichkeiten des Marketings in Bezug auf Virtual Reality sind vielfältig. Denkbar wäre ein **Virtual Store** (virtuelles Geschäft). Dort kann der Nutzer durch den Store laufen, Produkte aus dem Regal „nehmen", um sie näher zu betrachten und sie anschließend zurückstellen oder in den Warenkorb legen. Die gekaufte Ware wird dann nach Bezahlung versandt. Eine Alternative wäre auch die Erweiterung der vorhandenen Webshops, sodass durch Klicken auf ein Produkt sich dieses als 3D Objekt in der virtuellen Wirklichkeit öffnet und dort genauer betrachtet werden kann. Auch in **stationären Geschäften** können VR-Brillen aufgestellt werden. Kunden werden damit an die virtuelle Realität herangeführt und durch die Art der Darstellung besser angesprochen. Ebenso sind **360°**

Videos interessant. Fluggesellschaften können beispielsweise Videos anbieten, die einen Flug in ihren Flugzeugen zeigen. Automobilhändler können „Probefahrten" anbieten, in dem der Nutzer ein Video aus Fahrersicht erlebt. Von Bedeutung ist auch das **Virtual Product Placement.** In nahezu jeder Anwendung können Produkte platziert werden. Zu beachten gilt dabei, die Platzierungen so subtil wie möglich und so offensichtlich wie nötig zu gestalten.

Für Unternehmen bietet Virtual Reality Marketing viele neue Möglichkeiten. Jedoch bestehen auch einige Herausforderungen, die es zu überwinden gilt. Bei Anwendungen, welche nicht lokal ausgeführt, sondern über das Internet gestreamt werden, wird eine **hohe Bandbreite** benötigt. Der **Preis** der Komplettsysteme ist zudem noch relativ teuer.

2.3   Augmented Reality

Augmented Reality gehört dem Bereich der Mixed Reality an. Entsprechend der Begriffsbezeichnung vereint **Mixed Reality** die reale mit der virtuellen Wirklichkeit. Dabei werden insbesondere zwei Optionen unterschieden. Die erste Möglichkeit ist, die virtuelle Wirklichkeit mit Gegenständen aus der realen Welt anzureichern **(Augmented Virtuality)**. Die Zweite hier erläuterte Möglichkeit ist die **Augmented Reality.** Diese reichert die reale Umgebung mit computergenerierten virtuellen Aspekten an.

2.3.1   Funktionsweise

Bei der Funktionsweise von Augmented Reality Systemen muss zwischen den klassischen Systemen (Smartphones oder Tablets) und den innovativen Systemen (Augmented Reality Brillen, kurz AR-Brillen) unterschieden werden. Bei den klassischen Systemen werden meist **Smartphones oder Tablets** als Basis verwendet. Diese sind in der Regel mit einer Kamera zum Scannen der Realität, einem Prozessor zur Berechnung der verschiedenen Ein- und Ausgaben, einem Display zum Anzeigen der Augmented Reality sowie Sensoren für die Positionsbestimmung und Orientierung ausgestattet. Zusätzlich werden die Systeme mit einem Augmented Reality Browser (AR-Browser) ausgerüstet. Durch das Scannen eines QR-Codes oder vordefinierter Trackingmotive mit der Kamera werden diese vom AR-Browser erkannt und um die dafür hinterlegten Augmented Reality Inhalte ergänzt (vgl. Augmented Minds 2017). Die aktuell noch nicht am Markt etablierten **AR-Brillen** blenden die zu einem realen Objekt verfügbaren Inhalte direkt über die Brillengläser ein (vgl. T3N 2017).

2.3.2 Möglichkeiten

Eine Möglichkeit, die AR bietet, sind **ergänzende Produktinformationen.** Dies soll an einem Beispiel für **Buchhandlungen** veranschaulicht werden. Mehrwerte für die Buchhandlungen und deren Kunden können AR-Systeme durch QR-Codes generieren, welche an der Rückseite der Bücher angebracht werden. Durch das Scannen kann eine Weiterleitung auf eine Webseite erfolgen, die Zusatzinformationen bereitstellt. Diese können Beurteilungen von anderen Käufern, Vorschläge für ähnliche Bücher, Informationen über den Autor sowie über andere Bücher des Autors beinhalten (vgl. Spreer et al. 2017).

Eine weitere Option bietet das **interaktive Produkterlebnis.** Der Vorteil von interaktiven Produkterlebnissen zeigt sich unter anderem bei der Betrachtung von **Online-Möbelhändlern.** Vorstellbar ist, dass Kunden auf die Internetseite des Möbelgeschäftes gehen und sich ein Produkt aussuchen. Nach Auswahl des Produktes, beispielsweise einem Schrank, wird dem Kunden die Möglichkeit geboten sich einen QR-Code auszudrucken. Nach dem Ausdrucken kann der QR-Code an der Stelle platziert werden, wo der Schrank stehen soll. Somit kann der Kunde bequem von Zuhause überprüfen, ob das Produkt seinen Anforderungen gerecht wird. Einen ähnlichen Ansatz bietet das Unternehmen IKEA (vgl. Jüngling 2013).

Zunehmende Bedeutung gewinnen ebenfalls **Augmented Reality Spiele.** Dem Nutzer werden in der realen Welt Spielfiguren angezeigt, mit denen er interagieren kann. Ein Beispiel für ein Augmented Reality Spiel ist **„Pokémon Go".** Bei „Pokémon Go" läuft der Nutzer umher und bekommt auf seinem Smartphone angezeigt, ob und welche Pokémon sich in seiner Nähe befinden. Anhand dieser Informationen kann sich der Nutzer nun in der realen Welt an diesen Standort begeben und mittels Smartphone das dort in der erweiterten Realität (Augmented Reality) gefundene Pokémon fangen. Solche Spiele bieten nicht nur das Potenzial Werbung in der App zu platzieren, sondern auch in der realen Welt. Bei Pokémon Go könnten die Nutzer beispielsweise in verschiedene Restaurants geführt werden, indem das Restaurant in der App als Pokémon Arena fungiert.

Es ist davon auszugehen, dass sich Augmented Reality zukünftig nicht nur auf Smartphones oder Tablets beschränken wird. So lassen sich beispielsweise, wie bereits heute durch Projektion möglich, Informationen wie zulässige Höchstgeschwindigkeit, Stauwarnungen oder die Navigationspfeile von dem im Wagen integrierten Navigationssystem auf **Windschutzscheiben für Autos** anzeigen. Des Weiteren gibt es **AR-Brillen** wie beispielsweise die Microsoft HoloLens, welche hauptsächlich für den Innenbereich konzipiert ist. Mit ihr kann die Augmented Reality direkt vor das Auge des Nutzers projiziert werden, ohne dass zusätzliche Geräte benötigt werden. Eine solche AR-Brille kann den Unternehmen neue Kommunikationsformen mit ihren Kunden bieten. Beispielsweise könnte beim Fernsehschauen über die Brille die Werbung auf den Nutzer der Brille angepasst werden. Noch weiter in die Zukunft geblickt, könnten sich die Brillen zu **Kontaktlinsen** entwickeln. Momentan sprechen jedoch insbesondere die Kosten und rechtliche Vorschriften gegen eine weite Verbreitung (vgl. Microsoft 2017).

2.4   Kundenverhalten

Der Begriff „Kundenverhalten" beschreibt Reaktionen von Kunden **vor, während oder nach einem Kauf** von Produkten oder Dienstleistungen. Das Kaufverhalten fängt folglich bei der Kaufplanung an und erstreckt sich über den Kaufabschluss bis hin zu dem Nachkauf-Verhalten. Voraussetzung ist die bewusste oder unbewusste Kaufbereitschaft des Kunden, die auf Emotionen und Motivationen basiert. Diese können anschließend in eine positive oder negative Richtung gelenkt werden. Eine **positive Richtung** wäre beispielsweise ein positives Feedback sowie eine Weiterempfehlung bei Freunden und in Onlineportalen. Unter einer **negativen Richtung** hingegen werden Beschwerden, kein erneuter Kauf der Kunden und negative Äußerungen beispielsweise in Foren verstanden (vgl. Imageberater Nrw 2017).

2.4.1   Kundentypen

Das Verhalten von Kunden hängt vom Kundentyp ab. Ein Kundentyp beschreibt eine Menge von Kunden, welche sich in ihren Merkmalen wie den Interessen, dem Auftreten oder dem Einkaufsverhalten ähneln. Eine Einteilung in Kundentypen soll Unternehmen helfen die Kundenansprache sowie den persönlichen Kontakt auf den jeweiligen Kundentyp anzupassen und diesen individueller auf seine Bedürfnisse anzusprechen. Ebenfalls kann es von Vorteil sein, Kundentypen nicht nur nach dem Einkaufsverhalten, sondern auch nach Persönlichkeitsmerkmalen der Kunden zu erstellen. Zu beachten gilt, dass Kundentypen nur eine Orientierung geben sollen, da ein Kunde meist mehreren Kundentypen zugeordnet werden kann. In der Theorie und der Praxis existieren **vielfältige Klassifikationsansätze,** die teilweise auch den Grad der **Digitalisierungsaffinität** mit einbeziehen (vgl. Inventorum 2017).

Die Veränderung der Selbstwahrnehmung des Kunden und die stetige Verfügbarkeit digitaler Medien sowie der zu jeder Zeit mögliche Zugang zu Märkten durch das Internet schlagen sich in einem veränderten Kaufverhalten nieder.

Es hat eine Entwicklung vom konsistenten Konsument über den hybriden hin zum „multioptionalen" Konsumenten stattgefunden. Während der **konsistente Konsument** die Selbsterhaltung zum Ziel hatte und der Zeit der Produktorientierung der 1950er/1960er Jahre zuzuordnen ist, stand für den hybriden Kunden die Selbstentfaltung im Vordergrund. Das Verhalten der erst genannten Konsumentengruppe kann als eindimensional beschrieben werden. Der Kunde definierte sich durch den Satz: „Ich bin, was ich habe". Die zunehmende Sättigung der Märkte brachte den Kunden mehr Macht und führte zum **hybriden, lebensstilorientierten Konsumenten.** Dessen Konsumverhalten ist durch eine permanente Suche aufgrund stark variierender Bedürfnisse geprägt. Der Leitsatz des hybriden Konsumenten, „Ich bin, wie ich lebe", signalisiert auch seine hohe Nutzenerwartung gegenüber den Leistungen der Unternehmen. Die weitere Entwicklung brachte einen **multioptionalen Konsumenten** hervor. Diese Konsumentengruppe strebt nach Selbstentgrenzung und lebt nach dem Motto, „Ich lebe, wie ich gerade bin". Dieses Konsumentenverhalten spiegelt die heutige Gesellschaft wider. Es ist komplexer als die vorher genannten, da die Konsumenten versuchen sich von anderen abzugrenzen. Sie wollen individuell und einzigartig sein. Bereits erkennbar und in der Zukunft zunehmend werden **paradoxe Konsumenten** erwartet. Diese verhalten sich widersprüchlich und sind somit für Unternehmen kaum kalkulierbar (vgl. Rennhak 2014, S. 178–179).

2.4.2 Verändertes Kaufverhalten

Wo früher der Kunde noch direkt in den stationären Handel ging, um sich über das Leistungsangebot zu informieren und sich eine Meinung zu bilden, wird heutzutage immer mehr **im Vorfeld das Internet verwendet,** um genaueres zu erfahren. Bei der Informationssammlung werden unterschiedliche Portale aufgesucht. Wobei auch diverse **Online-Shops** durchsucht werden, um den günstigsten Preis zu finden sowie eine detaillierte Produktbeschreibung zu erhalten. Ebenfalls werden **Social Media Plattformen** dazu verwendet, sich mit anderen Nutzern, welche das Produkt oder die Dienstleistung bereits gekauft haben, über die Vor- und Nachteile, die Qualität, die Haltbarkeit und den Service des jeweiligen Vertreibers auszutauschen. Unternehmen, die Produkte oder Dienstleistungen vertreiben, sollten folglich ihre Ausrichtung immer mehr auf die Kundenzufriedenheit und den Kundenservice legen.

Des Weiteren legen Kunden eines Online-Shops immer mehr Wert auf eine **Bewertungsfunktion.** Wenn ein Online-Shop eine Bewertungsfunktion anbietet, zweifelt der Kunde weniger an der Glaubwürdigkeit des Shops und kauft dort eher Produkte. Ebenfalls ist nicht auszuschließen, dass Kunden den Online-Shop wechseln, wenn eine solche Bewertungsfunktion nicht angeboten wird. Die Angst der Shop Betreiber vor einer Bewertungsfunktion ist unbegründet, denn diese wirkt meist positiv auf das Gesamtimage des Unternehmens (vgl. Wulff 2010).

2.4.3 Individualismus

Der zunehmende Individualismus ist ein weiterer Faktor, der das veränderte Kundenverhalten begründet. Dieser schlägt sich verstärkt in individuellen Kundenwünschen nieder und ist eng mit einem Wertewandel der Bevölkerung verknüpft. Der Trend geht hin zur persönlichen Selbstverwirklichung durch Unabhängigkeit eines jeden Einzelnen. Daraus resultiert auch das Bedürfnis der individuellen auf den Kunden **abgestimmten Beratung und Leistungserbringung.** Weiter beeinflusst aktuelles Geschehen in der Welt die Kunden und lenkt ihre Bedürfnisse auf bestimmte Bereiche. Die voranschreitende Individualisierung der Bevölkerung bedarf auf Unternehmensseite teilweise einer Umstrukturierung der Produktpalette hin zu **personalisierten Leistungen.** Dies ist darauf zurückzuführen, dass aus dem Individualismus neuartige Bedürfnisse nach einer „Abhebung von der Masse" hervorgehen. Das Verlangen nach dem Besitz von Unikaten und individuellen Einzelstücke steigt. Es ist davon auszugehen, dass insbesondere die **jüngere Generation** mit den Merkmalsausprägungen „gut ausgebildet" und „gute Kapitalausstattung" als Nachfrager nach solchen Gütern auftreten wird. In Zukunft wird zunehmend auch bei der Zielgruppe der finanziell gutgestellten **Senioren** die Nachfrage nach individuellen einzigartigen Produkten steigen. Dies begünstigt die bereits in der heutigen Zeit erkennbare Entwicklung, dass die Markenloyalität und Unternehmenstreue in den Hintergrund rückt (vgl. Meffert 2008, S. 849).

Mithilfe der **Digitalisierung** lassen sich individuelle Kundenwünsche besser befriedigen. Digitalisierung beginnt bei der individuellen Produktkreation mit Hilfe von Konfiguratoren. Anschließend erfolgt eine individuelle Produktion zum Beispiel in einem 3D Drucker bevor eine individuelle Auslieferung zum Wunschtermin des Kunden erfolgt.

2.4.4 Influencer

Auch Influencer haben in der heutigen Zeit durch das Internet einen immer höher werdenden **Stellenwert.** Viele Kunden recherchieren nicht mehr nur Fakten, sondern schauen sich Videos an, lesen Berichte von zumindest im Internet zur Bekanntheit gelangten Personen, um sich deren Meinung anzuhören und sich selbst darüber eine Meinung zu bilden. Für Unternehmen stellen die Influencer eine Herausforderung dar, denn diese berichten meist ohne jegliche Zugehörigkeit zum Unternehmen über das jeweilige Produkt, egal ob positiv oder negativ. Entgegenwirken können Unternehmen nur durch gute Produkte, welche in ihrer Qualität, Haltbarkeit, Bedienbarkeit und weiteren Faktoren überzeugen. Auch über die Garantie und den Service von fehlerhaften Produkten wird berichtet, daher sollten Reklamationen von den Unternehmen möglichst unkompliziert vollzogen werden. Allerdings gilt es bei den Influencern auch darauf zu achten, ob es sich um **unabhängige Influencer** handelt, welche ihre persönliche Meinung mitteilen oder, ob sie mit dem Unternehmen einen **Sponsoringvertrag** vereinbart haben und daher das Produkt positiv beurteilen.

2.4.5 Mobile Moments

Wie bereits dargestellt, ist der Stellenwert mobiler Endgeräte auch in letzter Zeit gestiegen. Während der Computer in der Regel insbesondere in der Freizeit wenig genutzt wird, ist das Smartphone ein ständiger Begleiter, welches zudem gezielt eingesetzt wird. Laut einem Whitepaper von Google greifen Smartphone Nutzer im Durchschnitt 150-mal am Tag zum mobilen Wegbegleiter. Für den Unternehmenserfolg ist es notwendig den **Nutzungskontext der Konsumenten zu bewerten.** Hierbei ist, neben der quantitativ messbaren Nutzungsfrequenz und Intensität, in besonderem Maße die qualitativ feststellbare Nutzung relevant. Die Bewertung des Kontextes kann über vier **Parameter** erfolgen. Der erste Parameter betrifft die Motivation des Nutzers und fragt nach dem Ziel, das der Nutzer mit der aktuellen Nutzung verfolgt. Als nächstes sind die Dringlichkeit der Zielerreichung und der Aufenthaltsort als lokaler Kontext für die Bewertung von Bedeutung. Der letzte Parameter bewertet den Gemütszustand und damit die aktuelle emotionale Verfassung des Nutzers. Angewandt in der Mediennutzung lassen sich unterschiedliche Erwartungshaltungen an das jeweilige mobile Erlebnis identifizieren. Die differenzierte Betrachtung identifiziert eine spezielle Form der Mediennutzung, die nach Forrester Research als „Mobile Moment" bezeichnet wird. Dieser Moment wird wie folgt definiert: „a mobile moment is a point in time and space when someone pulls out a mobile device to get what they want in their immediate context" (Forrester 2017). Andere Bezeichnungen für diesen Ansatz sind zum Beispiel Micro-Moments von Google. Google empfiehlt im entscheidenden Moment da zu sein („Be There"), einen Mehrwert zu liefern („Be Useful") und Informationen und Dienstleistungen unkompliziert und schnell zugänglich zu machen („Be Quick"). Daher erfährt der Google-Such-Algorithmus eine Anpassung und soll Nutzern dabei helfen, einfach und barrierefrei auf den gesuchten Content zuzugreifen. In diese Richtung zielen auch die TrueView-Videoanzeigen von YouTube, die das **Überspringen von Werbeanzeigen,** die nach Interesse und Nutzungskontext eingeblendet werden, nach fünf Sekunden durch den Nutzer zulassen. Hieraus geht hervor, dass auch das Marketing eine Entwicklung in diese Richtung erfährt. Die Orientierung und Ausrichtung der Marketingstrategie und Werbemaßnahmen bezieht nicht nur den Kunden ein, sondern auch dessen aktuellen Kontext. Dieser Sachverhalt zeigt nochmal die Entwicklung hin zur vollständigen Einbindung des Kunden in die unternehmerische Wirkungskette (vgl. Internetworld 2017).

2.4.6 Customer Journey

Die Customer Journey, wie beispielhaft in Abb. 2.2 dargestellt, beschreibt den Weg des Kunden beim Kauf eines Produktes. **Ziel** ist es, anhand der Customer Journey Unternehmensaktivitäten auf den Kunden auszurichten, um ihn somit als einen dauerhaften Kunden gewinnen zu können. **Möglichkeiten** zu Beginn der Kundenreise sind beispielsweise klassische Werbung, Online-Marketing, Pressemeldungen, Empfehlungen von Freunden oder von anderen Kunden.

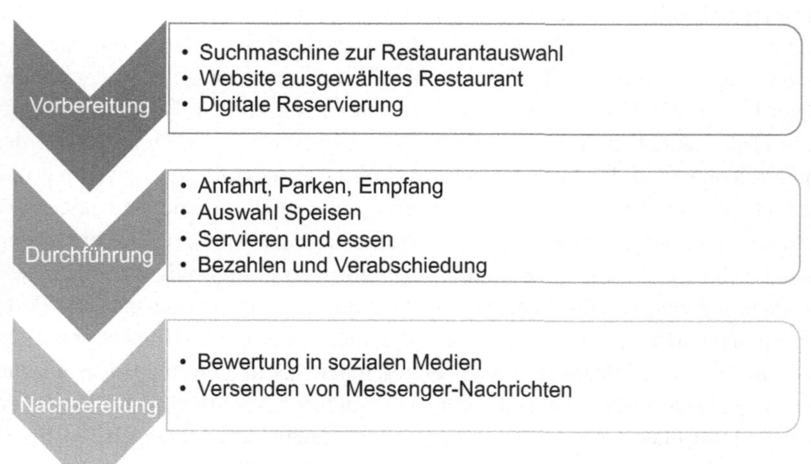

Abb. 2.2 Beispielhafte Customer Journey

Nach der Bedürfniserweckung erstreckt sich Customer Journey über die Informationssuche und den Kauf bis hin zu weiteren Maßnahmen der Kundenbindung. Dem Unternehmen soll die Analyse der Customer Journey Einblicke und ein gewisses Verständnis für das Kundenverhalten bieten. Visualisiert dargestellt wird der Weg des Kunden in einer **Customer Journey Map.** Einen Mehrwert bietet eine solche Customer Journey Map, indem sie den Kundenweg transparent aufzeigt und Unternehmen diesen auswerten können. Ebenfalls können Unternehmen ihre Customer Journey Map mit der von anderen Unternehmen **vergleichen,** um aktuelle Trends zu erkennen (vgl. Marketinginstitut 2017).

Digitales Kundenmanagement 3

Wie bereits eingangs erwähnt, werden unter digitalem Kundenmanagement alle Aktivitäten und Maßnahmen verstanden, bei denen digitale Medien und Werkzeuge zum Einsatz kommen. Vor dem Hintergrund der Digitalisierung und der digitalen Transformation der unternehmerischen Prozesse ist für den Erfolg der Maßnahmen insbesondere die strategische (Neu-)Ausrichtung von Bedeutung, auf die im Folgenden eingegangen wird.

3.1 Strategische Aspekte

Ziele des Kundenmanagements sind insbesondere die Kundenbindung einschließlich der als Voraussetzung dazu notwendigen Kundenzufriedenheit, die Kundenrückgewinnung und die Neukundengewinnung. Erreichbar sind diese durch die Entwicklung darauf bezogener Strategien, deren Kontext sich aus der Abb. 3.1 ergibt. Übergeordnet ist das unternehmerische Ziel der Umsatzsteigerung und Gewinnerzielung, das insbesondere auch den Kundenwert beeinflusst, auf den im Folgenden zunächst eingegangen wird.

3.1.1 Kundenwert und Kundenbewertungen

Der Kundenwert lässt sich aus Sicht des Unternehmens und aus Sicht des Kunden betrachten. Die **Determinanten** sind in der Abb. 3.2 dargestellt (vgl. hierzu auch Hippner et al. 2011, S. 26)

Damit ein anbieterseitiger Kundenwert entstehen kann, ist zunächst ein nutzerseitiger Wert zu schaffen. Aus **Kundensicht** resultiert ein Kundenwert aus dem subjektiven Vergleich aller Aufwendungen monetärer und nicht-monetärer

© Springer Fachmedien Wiesbaden GmbH 2018
M. Jacob, *Kundenmanagement in der digitalen Welt*, essentials,
https://doi.org/10.1007/978-3-658-20067-1_3

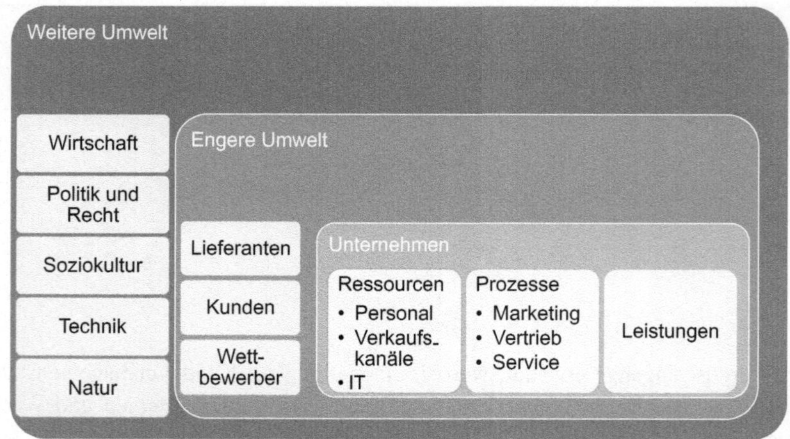

Abb. 3.1   Unternehmen und dessen Umwelt

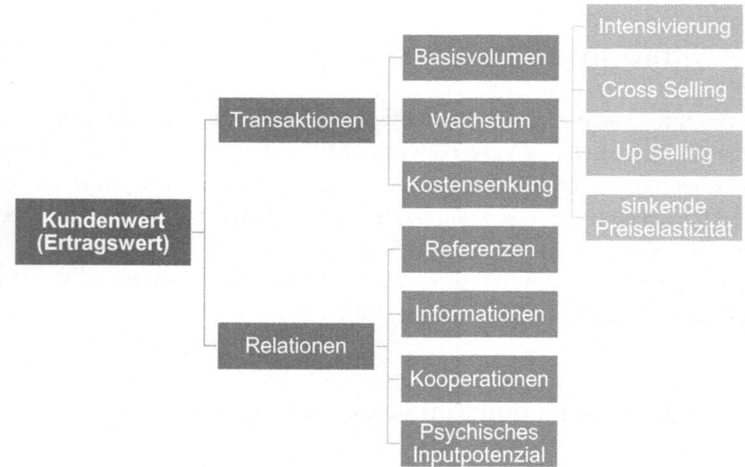

Abb. 3.2   Determinanten des Kundenwerts

Art sowie dem Nutzen, der aus Konsumentensicht relevant und bewertbar ist. Erst wenn der Nutzen überwiegt, auch in Form eines digitalen Zusatznutzens (zum Beispiel ergänzende Downloadmöglichkeit einer Musik-CD als MP3-Datei), erfolgt eine positive Kaufentscheidung. Aus **Unternehmenssicht** entsteht durch den Kauf die erste Wertkomponente des anbieterseitigen Kundenwertes, die auch als umsatzbezogene Komponente bezeichnet wird. Weitere Wertkomponenten resultieren nachgelagert aus zukünftigen Umsätzen, die aufgrund zufriedenstellender Leistungen oder aufgrund von Empfehlungen und somit neuen Kunden resultieren. Daraus abgeleitet ist davon auszugehen, dass der Kundenwert aus zwei Dimensionen besteht, dem Wert und der Zeit. Unter der **Wertdimension** werden alle nutzenstiftenden Beiträge der Kundenbeziehung für den Anbieter zusammengefasst, wobei die **Zeitdimension** die Dauer der Kundenbeziehung berücksichtigt. Als vergangenheitsorientierte Elemente der Wertdimension können Akquisitionskosten und bisherige Profitabilität des Kunden ins Verhältnis gesetzt werden. Zukunftsorientiert ist das Kundenpotenzial zu bewerten, wobei zusätzlich die Komponenten bisherige Lebensdauer, Rest- und Gesamtlebensdauer zu differenzieren wären (vgl. Kittinger 2010, S. 25 f.).

Zu unterscheiden vom Kundenwert sind **Kundenbewertungen.** Im Zeitalter des E-Commerce und der interaktiven Nutzung des Internets gehören Bewertungen von Produkten, Dienstleistungen und Anbietern zur Normalität. Immer mehr Kunden orientieren sich an den Eindrücken und der Meinung von vorherigen Käufern. Positive Wertungen suggerieren Vertrauen. Es besteht jedoch immer die Gefahr, dass Rezensionen und Bewertungen durch die Anbieter manipuliert, zum Beispiel zugekauft oder selbst erstellt, werden (vgl. Unternehmen Heute 2016).

3.1.2 Kundengewinnung und Kundenrückgewinnung

Die **Neukundengewinnung** vereint sämtliche Aktivitäten, die mit der Anbahnung einer Kundenbeziehung im Zusammenhang stehen. Der aus dem lateinischen abgeleitete als Synonym verwendete Begriff **Akquisition** kann übersetzt werden als „hinzugewinnen" bzw. „hinzuerwerben". Allgemein kann zwischen einer aktiven und passiven Akquise unterschieden werden, wobei unterschiedliche Methoden der Kundenansprache zum Tragen kommen. Im Falle der **aktiven Kundenakquise** geht die Initiative vom Anbieter aus. Hierzu zählt beispielsweise die Telefonakquise, das Mailing per Post und E-Mail sowie Werbeanzeigen in gedruckter und digitaler Form. Als **passive Art der Kundengewinnung** sind jene Maßnahmen zu verstehen, bei denen die Initiative vom Kunden ausgeht. Hierzu zählen der Websiteauftritt, Bewertungsportale und Verzeichnisse und das Networking in sozialen Netzwerken. Welche Methode geeignet ist, hängt von der Zielgruppe, dem Angebot, der Branche und den Ressourcen des Unternehmens ab. Grundsätzlich gilt jedoch: Die beste Art Neukunden zu gewinnen erfolgt über Empfehlungen zufriedener Kunden. Aus Anbietersicht ist die Kundengewinnung aufwendiger und damit kostenintensiver als eine **Rückgewinnung** ehemaliger bzw. inaktiver Kunden. Das oberste Ziel ist dabei eine breite Anzahl an verloren gegangenen, rentablen Kunden erneut zu gewinnen. Als Maßnahmen insbesondere im Bereich des **digitalen Kundenmanagements** eignen sich Mailing-Kampagnen von E-Mail bis hin zu Messenger Diensten. Eine personalisierte Ansprache und ein materieller, finanzieller oder emotionaler Rückholbonus sind Standard (vgl. Schueller 2017; Berninger 2016).

Erhebungen zufolge soll die Gewinnung von Kunden das Sechs- bis Achtfache kosten als eine Rückgewinnung. Zum einen liegt das daran, dass die anfänglichen Akquisitionskosten, wie Planung, Gestaltung und Umsetzung von Maßnahmen der Kommunikationspolitik, wegfallen. Zum anderen werden mit der Zeit operationale und administrative **Kosten** reduziert. Dies ist unter anderem dadurch bedingt, dass die Erwartungen der Kunden bekannt sind und dadurch die Beratungs- und Abstimmungsintensität geringer ist. Ein weiterer Grund ist, dass Kunden, die bereits einen Kauf getätigt hatten, eher bereit sind dies wieder zu tun als jene, die die Leistung und das Unternehmen noch nicht kennen. Dies gilt insbesondere dann, wenn der Kunde mit dem Produkt bzw. der Dienstleistung zufrieden war (vgl. Kittinger 2010, S. 21–24).

3.1.3 Kundenzufriedenheit und Begeisterung

In der Wissenschaft finden sich **zahlreiche Definitionen** von Kundenzufriedenheit. Verdichtet man die Begriffe, geht hervor, dass Kundenzufriedenheit als eine reflektierte Empfindung bzw. als Ergebnis einer ex-post Betrachtung des Kunden verstanden werden kann. Relevant sind dabei zum einen die Wahrnehmung des Kunden (Ist-Komponente) und zum anderen dessen Erwartungen bzw. Wünsche (Soll-Komponente) basierend auf den zuvor gesammelten Erfahrungen. Ein **Soll-Ist-Vergleich** bildet als Resultat das Gefühl der Zufriedenheit oder Unzufriedenheit. Zukunftsorientiert soll sie gegen die Abwanderung bzw. den Verlust von Kunden wirken und damit zur langfristigen Kundenbindung beitragen. Aufgrund der kontinuierlichen Anpassung der Leistungserwartung von Kundenseite ist die Kundenzufriedenheit als **dynamischer Prozess** anzusehen und bedarf einer fortwährenden Pflege durch den Leistungserbringer. Dies kann die Weiterentwicklung und Verbesserung des Angebots, des Services sowie die Schaffung von Zusatzleistungen umfassen. **Zufriedene Kunden** wirken sich positiv auf den Unternehmenserfolg aus, da sie einerseits eher bereit sind weitere Kaufabschlüsse zu tätigen und andererseits ihre positiven Erfahrungen mit Dritten zu teilen und **Weiterempfehlungen** an andere Kunden aussprechen. Es hat sich die Regel manifestiert, dass ein zufriedener Kunde seine Zufriedenheit drei weiteren Personen mitteilt. Ein unzufriedener Kunde jedoch seine negative Erfahrung zehn anderen potenziellen Kunden kundtut. **Negative Rezensionen,** insbesondere im Internet, wirken stärker als positive. Dies verdeutlicht, welchen Stellenwert ein zufriedener Kunde hat. Zur Ermittlung und Evaluierung der Kundenzufriedenheit stehen Unternehmen zahlreiche **Messinstrumente** zur Verfügung. Zu den einfachen zählen der Net Promoter Score und das Fünf-Sterne-Bewertungssystem (vgl. Kittinger 2010, S. 18 f.).

Die Zufriedenheit der Kunden ist ein elementares Ziel und entsteht in der Regel, wenn Kundenerwartungen erfüllt worden sind. Als Steigerung dessen verfolgen immer mehr Unternehmen das **Ziel, Kunden zu begeistern,** indem Erwartungen übertroffen werden und sie überrascht werden. Beide Empfindungen wirken direkt auf das Verhalten der Kunden, wobei anzunehmen ist, dass Begeisterung aus Zufriedenheit resultiert und stärkeren Einfluss auf die **Loyalität** der Kunden hat. Zur Klassifizierung bzw. Abgrenzung von zufriedenstellenden und begeisternden Merkmalen hat sich das **Kano-Modell** des gleichnamigen japanischen Wissenschaftlers (Noriaki Kano, Professor an der Universität Tokio) bewährt. In einem Koordinatensystem werden im Modell drei Merkmalsausprägungen unterteilt. **Basismerkmale,** die als selbstverständlich gelten und keiner Erwähnung bedürfen sind neutral bzw. steigern auch bei hohem Erfüllungsgrad die Kundenzufriedenheit nicht. Anders verhält es sich mit den **Leistungsmerkmalen,** die mit steigendem Erfüllungsgrad einen proportionalen Anstieg der Zufriedenheit bewirken. Derartige Merkmale sind spezifisch, messbar und werden kommuniziert. Als Steigerung dessen wirken sogenannte **Begeisterungsmerkmale.** Kennzeichnend für diese Merkmale ist, dass sie oftmals nicht artikuliert sind, begeisternd wirken und an den Kunden angepasst (individuell) sind. Dadurch wirken sie progressiv auf die Zufriedenheit der Kunden und steigern langfristig die Kundenbindung. Einschränkend für den Einsatz von Begeisterungsmaßnahmen sind vor allem **Wirtschaftlichkeitsaspekte** (vgl. Gouthier 2010, S. 8–28).

Kundenbegeisterung ist das Schlüsselwort des **Customer Experience Managements (CEM),** das das Ziel verfolgt, für den Kunden attraktive Erlebnisse mit der Marke an jedem Kontaktpunkt zu schaffen und damit den Customer Equity zu steigern. Diese können unterteilt werden in affektive, kognitive, sensorische, soziale und verhaltensorientierte **Erlebnismodule** und stellen die unterschiedlichen **Arten von Erlebnissen** dar. Zum Einsatz kommen diese Module beispielsweise, um Marken zu differenzieren und Kunden zum Kauf zu motivieren. Als kundenorientiertes Konzept soll CEM einen gezielten Aufbau und die Steuerung von Kundenerlebnissen mithilfe des **Fünf-Stufen-Modells** ermöglichen. Dabei umfasst die **erste Stufe** eine Analyse des Kundenerlebnisses, wobei im B2C-Bereich der soziokulturelle Kontext zum Analyseschwerpunkt zählt. In der **zweiten Stufe** folgt die Entwicklung und Schaffung einer Erlebnisplattform, welche eine Darstellung des beabsichtigten Kundenerlebnisses beinhaltet und das Erlebnisversprechen als einzigartigen und erlebnisorientierten Nutzen für den Kunden beinhaltet. Die **dritte Stufe** beschäftigt sich mit der Implementierung der zuvor definierten Erlebnisstrategie. Beim Design des Markenerlebnisses sollten alle Erlebnistreiber auf Ihre Relevanz geprüft werden. Nur dann kann in der **vierten Stufe** eine effiziente Gestaltung der Kundenkontaktpunkte als dynamische Schnittstellen das Kundenerlebnis positiv beeinflussen. Ein effizientes CEM ist nur erfolgreich implementierbar, wenn auch die Ressourcen und Strukturen in ausreichender Quantität vorhanden sind. Dies verdeutlicht auch die **letzte Stufe,** die gesamtheitliche konzentrierte Ausrichtung der Organisation. Entscheidend für das Markenerlebnis sind insbesondere der Innovationsgrad sowie die Mitarbeiter. Das bekannteste Beispiel eines gelungenen CEM-Programms stellt die Marke Apple dar (vgl. Bruhn et al. 2009, S. 698–708 ff.).

Sowohl die klassische Kundenzufriedenheit wie auch die Kundenbegeisterung als gesteigerte Form lassen sich durch **technische Komponenten** verstärken. Dabei gilt es für die Unternehmen herauszufinden, auf welche technische Komponenten Kunden positiv reagieren. Beispielhaft seien neue Funktionen in einer App oder eine Augmented Reality-Anwendung genannt.

3.1.4 Kundenbindung und Weiterempfehlungen

Kundenbindung umschreibt die **Schaffung und Pflege** von langfristigen und möglichst profitablen Geschäftsbeziehungen zwischen Unternehmen und Kunden, wobei beide Parteien von der Beziehung profitieren sollten. Während der Kunde seine Wünsche zufriedenstellend befriedigt wissen will, ist das Unternehmen daran interessiert hohe Umsätze und Gewinne zu generieren. Dies ist vor allem dann erreichbar, wenn sowohl Kunden wie auch Anbieter die gegenseitigen Leistungen und Erwartungen kennen. Zur Kundenbindung beitragende **Maßnahmen** sind aus Anbietersicht die Bereitstellung von Zusatzdiensten (Value-Added-Services), Kundenkarten und -Klubs, eine attraktive Preispolitik sowie die Einrichtung eines qualifizierten Beschwerdemanagements. Weitere Instrumente können die Schaffung von Wechselbarrieren sein, wobei der Aufbau von persönlichen Beziehungen durch Kundenintegration nachhaltiger und positiver wirkt. Ziel ist dabei, die Geschäftsbeziehung zu bestehenden Kunden in Zukunft zu stabilisieren und auszuweiten. Die Basis der Kundenbindung bilden positive Erfahrungen früherer Geschäftstätigkeiten. **Indikatoren** für Kundenbindung sind das Wiederkaufverhalten, die Kaufhäufigkeit, das Zusatzkaufverhalten (Cross-Buying) sowie das Weiterempfehlungsverhalten gegenüber anderen, potenziellen Kunden. **Kundenzufriedenheit** reicht in der Regel allein für die Kundenloyalität nicht aus. **Kundenloyalität** kann als eine gesteigerte Form der Kundenbindung angesehen werden (vgl. Kittinger 2010, S. 21–24).

Eine hohe Kundenloyalität korreliert in der Regel mit einem entsprechenden Weiterempfehlungsverhalten. Hinsichtlich des **aktiven Weiterempfehlungsverhaltens** können beispielsweise kurze Fragen am Ende des elektronischen Bestellvorgangs eingesetzt werden. Eine andere Option bieten Empfehlungslinks, die eine Identifikation des empfehlenden Kunden enthalten und damit Aufschluss geben, welcher Kunde eine Weiterempfehlung ausspricht. Ergänzend lässt sich auch eine **Weiterempfehlungsabsicht** erfassen. Ein diesbezüglich etabliertes Konzept stellt der **Net Promoter Score** (NPS) dar, auf den weiter unten Abschn. 3.4 eingegangen wird (vgl. Greve 2010, S. 7–9).

3.1.5 Wasserlochstrategie

Mit den steigenden Ansprüchen der Kunden steigt auch der Bedarf an einer geeigneten Kundenstrategie innerhalb eines Unternehmens. Diese sollte das gesamte Unternehmen einbeziehen. In der Praxis haben sich zahlreiche Kundenstrategien etabliert. Im Folgenden soll die Wasserlochstrategie exemplarisch dargestellt werden (vgl. B2B Consulting 2017).

Die Wasserlochstrategie basiert auf der Erkenntnis, dass es wahrscheinlicher und damit zielführender ist, eine Gruppe von Tieren an einem Wasserloch anzutreffen als vereinzelt im Dschungel. Übertragen auf das Kundenmanagement soll diese dem Inbound-Marketing zugehörige Strategie durch **Schaffung eines Interessenten-Wasserlochs** zur Kundengewinnung und -bindung beitragen. Ziel ist dabei, dass die Interessenten freiwillig auf den Anbieter zukommen und aus potenziellen Nachfragern Kunden werden. Damit dies gelingt, sollten Unternehmen ihre idealen Interessenten genau definieren. Neben der allgemeinen Klassifizierung von Kundentypen kann auch das **Buyer-Persona-Konzept,** welches Kunden- bzw. Käufermodelle beschreibt, dabei helfen. Hierbei beschreibt das Unternehmen seinen typischen Kunden inklusive dessen Profildaten und impliziter Daten wie Schmerzpunkte und Motivation. Diese helfen bei der Optimierung der Ansprache in Off- und Online-Medien, stellen die Basis für eine Themensammlung in Bezug auf das Content-Marketing dar und dienen zur Konzeption von

Marketing-Kampagnen mit relevanten und hilfreichen Mehrwerten. In Abhängigkeit von der Branche und der Buyer-Persona, können neben der Unternehmenswebsite, ein Blog, Social Media Plattformen und Fachportale relevant sein für die Konvertierung von Interessenten zu Kunden (vgl. Schuster 2015).

3.1.6 Digitale Vertriebskanalgestaltung

Ein weiterer strategischer Ansatz ist die digitale Ausgestaltung von Vertriebskanälen. Diese soll dazu beitragen, dass Kunden zum einen Mehrwerte erfahren und zum anderen Unternehmen ihre Kunden besser kennenlernen. Immer mehr Kunden bevorzugen eine digital-schriftliche Interaktion vor einer telefonischen. Demnach stellt eine Anbindung einer direkten **Online-Chat-Funktion** auf der Website eine gute Möglichkeit der Interaktion dar und schafft einen serviceorientierten Mehrwert. Ebenso können **Videochats** eingebunden werden.

3.2 Kundenprozesse im Unternehmen

Das Kundenmanagement ist als ein ganzheitliches Konzept anzusehen, welches alle Abteilungen und Hierarchieebenen eines Unternehmens tangiert. Langfristig kann nur ein kundenorientiertes Unternehmen erfolgreich am Markt bestehen und seine Marktanteile sichern. Das impliziert, dass ein kundenorientiertes Unternehmen alle kundenrelevanten Prozesse identifiziert und entsprechend ausgestaltet. Kundenprozesse können als eine Kette von Aktivitäten aufgefasst werden, um ein spezifisches Kundenziel zu erreichen.

3.2.1 Kundenprozesse im Kundenlebenszyklus

Die Identifikation und Analyse von Kundenprozessen erfolgt unter Beachtung der **Kundenzielgruppe** und des **Kundenlebenszyklus** und lässt sich beispielsweise wie in der Abb. 3.3 gliedern (vgl. Filip 2017).

Die einzelnen Prozesse (zum Beispiel Angebots- und Auftragsmanagement) sind grundsätzlich phasenübergreifend und nicht ausschließlich einer Lebenszyklusphase oder eine Vertragsphase zuzuordnen. Guter Kundenservice ist beim kundenorientierten Ansatz in jeder Phase relevant. Zur Steigerung der Kundenservices kommen immer häufiger digitale Assistenten Abschn. 2.1.4 zum Einsatz. Sie sollen den Servicegrad verbessern, indem die Kunden zu jeder Zeit Unterstützung und Hilfestellung erfahren.

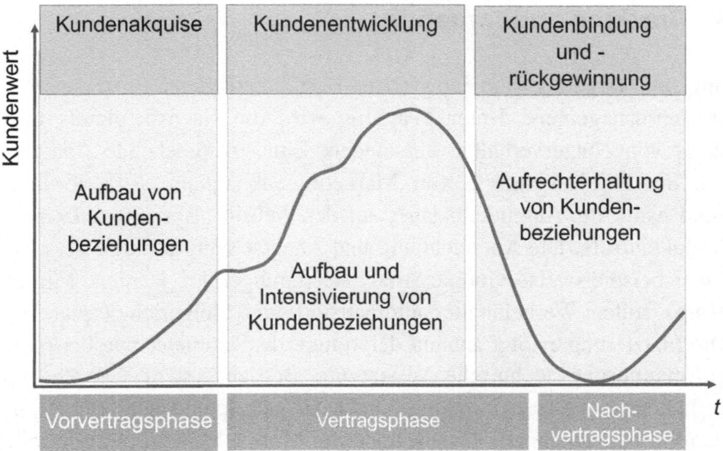

Abb. 3.3 Kundenprozesse entlang des Kundenlebenszyklus

3.2.2 Beschwerdemanagement als Beispielprozess

Beschwerden von Kunden stellen – wie auch negative Bewertungen – für das Unternehmen eine Chance dar, sich weiterzuentwickeln und die Servicequalität zu verbessern. Damit dies gelingt sollte ein qualifiziertes Beschwerdemanagement etabliert werden. Wesentlich für den Erfolg des Beschwerdemanagements ist dabei eine einheitliche **Definition** bzw. Abgrenzung, was im Unternehmen als Beschwerde aufgefasst wird. So können sämtliche Kundenreaktionen, die die Unzufriedenheit zum Ausdruck bringen, als Beschwerde angesehen werden. Die Wahl des Kontaktkanals ist ebenso wie die Beschwerde und deren Inhalt mit Erwartungen an die Art und Dauer der Beantwortung versehen. Im Rahmen des **Beschwerdemanagementprozesses** sind diese dann zufriedenstellend zu bearbeiten. Dies impliziert eine Dokumentation und Ursachenforschung seitens der Unternehmen. Kurzfristig soll daraus eine Nachbesserung als akute Lösung und ein Abstellen der Ursache als langfristiges Resultat hervorgehen. Wird vonseiten des Unternehmens die Erwartung der Kunden erfüllt, entwickelt sich der Beschwerdekunde zu einem zufriedenen Kunden. In Bezug auf die Weiterempfehlung des Unternehmens kann er sogar zu einem Multiplikator werden. Dadurch erfolgt eine Stärkung der Ertragsseite. Interne Prozesse und Qualifikationen werden optimal auf den Markt ausgerichtet. Der Beschwerdekunde kann sich so zum Unternehmensberater entwickeln (vgl. Ratajczak 2010, S. 21–25).

3.2.3 Tracking und Targeting

Tracking und Targeting sind integrativer Bestandteil vieler Prozesse im digitalen Kundenmanagement. Unter **Tracking** wird die Nachverfolgung und Aufzeichnung von Nutzerverhalten verstanden. Eine entsprechende Analyse dient zugleich der Erfolgskontrolle von Marketingmaßnahmen. Erfasste Informationen sind bspw. die Aufenthaltsdauer auf der Website, Besuche auf Unterseiten und Produktaufrufe. Die Aufzeichnung und Analyse kann mithilfe verschiedener Tools wie beispielsweise Google Analytics durchgeführt werden. Mithilfe des **Targetings** sollen Werbeinhalte automatisiert und zielgerichtet platziert werden. Die Platzierung erfolgt anhand determinierter Parameter wie beispielsweise Bildschirmauflösung, technische Ausstattung, Betriebssystem, Geo-Position und Suchverhalten der Nutzer. Targeting ist der Ausgangspunkt aller zielgruppenspezifischen Werbemaßnahmen. Insbesondere im Mobile Marketing macht die heute oft vorherrschende übermäßige Werbung eine zielgruppenspezifische, persönliche Werbeansprache unabdingbar. Dahin gehend können den Nutzern von mobilen Endgeräten durch das Geo-Targeting zu seinem aktuellen Standort passende Werbemittel in Echtzeit ausgeliefert werden. Unter der Einhaltung von Datenschutzbestimmungen kann eine Marketingkampagne durch Targeting an Effizienz gewinnen (vgl. Lammenett 2015, S. 45 ff.).

3.2.4 Mystery Shopping

Zur kontinuierlichen Verbesserung von Prozessen nutzen immer mehr Unternehmen Testkontakte im Rahmen des Mystery Shoppings. Ergänzend werden die Service- und Vertriebsqualität von Mitarbeitern im Kundenkontakt evaluiert. Oftmals werden potenzielle Kunden als Mystery Shopper beauftragt. Diese werden zu Beginn bezüglich ihrer Gewohnheiten, Einstellungen und Meinungen befragt. In der Praxis existieren zahlreiche Mystery-Shopping-Tests. **Mystery Guests** in Hotels und Restaurants zum Einsatz während **Mystery Mails und Calls** zum Test der Service- und Beratungsqualität eingesetzt werden. Im Allgemeinen dient Mystery Shopping zur Überprüfung der Servicequalität, zur Ursachenermittlung von Kundenunzufriedenheit, zur Steigerung der Kundenzufriedenheit und zur Erschließung neuer Zielgruppen (vgl. Kaufmann und Kirner 2017).

3.2.5 Integration des Kunden

Die Einbeziehung des Kunden in den Wertschöpfungsprozess besteht bereits seit einigen Jahren und ist beispielsweise bei der kundenindividuellen Konfiguration eines Fahrzeugs nach Kundenwünschen oder der personalisierten Gestaltung von Kleidung vorzufinden. Zunehmend werden dem Kunden jedoch Aufgaben bzw. Teilprozesse abgegeben, die zuvor von Mitarbeitern durchgeführt wurden. Als Beispiele können hier genannt werden, der **Self-Check-In** am Flughafen und im Hotel oder die **Selbstbedienung** in Banken und Restaurants. Dabei hat sich herausgestellt, dass der Service von einer Vielzahl der Kunden als **hochwertiger bewertet wurde,** wenn diesen die Möglichkeit geboten wird, sich in den Prozess einzubringen und daraus ein Nutzengewinn in Form geringerer Preise oder höherer Flexibilität entsteht. Unternehmen profitieren hierbei durch die daraus entstehende Effizienz von Prozessen. Allgemein lassen sich **4 Typen** der Kundenintegration unterscheiden. Der Kunde wird entsprechend der Zusammenarbeit als Co-Innovator, Informant, Co-Producer oder Partial Employee eingeordnet. Der Kunde wird zunehmend als Ressource betrachtet, dessen Arbeitsleistung zum Produktionsfaktor wird (vgl. Kurzmann und Reinecke 2016). Je nach Kundentyp kann die Übertragung von Aufgaben aber auch **negativ** bewertet werden.

3.3 Informationssysteme zur Pflege von Kundenbeziehungen

Ein **Informationssystem** besteht aus Menschen und Maschinen, welche mittels Software Informationen generieren, speichern, verbreiten, analysieren und ausgeben können. Derartige Systeme sind im Rahmen des Kundenmanagements unabdingbar geworden. Die Gestaltung und Steuerung der Kundenkernprozesse muss in der heutigen Zeit individuell und kundenorientiert erfolgen. Kundenbindung kann nur durch ein umfassendes Wissen bezüglich der Wünsche und Bedürfnisse von Kunden realisiert werden. Hierzu bedarf es geeigneter CRM-Systeme, die die Daten speichern, zu Informationen verdichten und daraus relevantes Wissen generieren. Damit können Unternehmen Interessenten und Kunden das richtige Angebot zur richtigen Zeit und mit dem passenden Service bereitstellen. CRM-Systeme übernehmen eine **integrative Aufgabe.** Sie schaffen eine koordinierte Systemlandschaft im Bereich **Marketing, Vertrieb und Service** und können über Schnittstellen mit dem ERP-System des Unternehmens verbunden werden. Erforderlich ist hierzu eine **Einbindung aller Kommunikationskanäle** zwischen Kunden und Unternehmen, um eine effiziente Zusammenführung sowie Auswertung

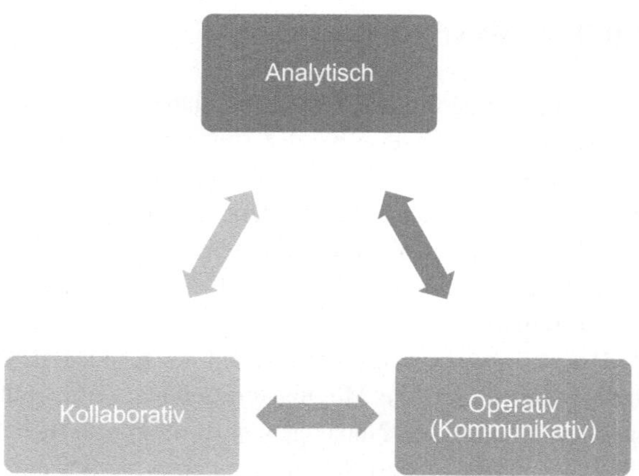

Abb. 3.4 Teilbereiche von CRM-Systemen

aller Kundeninformationen zu gewährleisten. Wie aus Abb. 3.4 hervorgeht, umfassen CRM-Systeme verschiedene Komponenten, auf die im Folgenden eingegangen wird (vgl. Jacob 2012, S. 25).

Vor dem Hintergrund der Vernetzung, der steigenden Nutzung des Internets sowie des eCommerce hat sich auch das CRM weiterentwickelt bzw. eine Erweiterung erfahren. Das **eCRM** stellt einen **Teilbereich** des CRM dar und zielt analog zum CRM auf die Erreichung bzw. Sicherstellung von ökonomischem Erfolg durch den Aufbau und die Festigung von profitablen Kundenbeziehungen ab. Das **Internet** bietet beim eCRM neue, unterstützende Möglichkeiten zur Zielerreichung. Daher kann das eCRM-System in die gleichen Bereiche wie das CRM unterteilt werden (vgl. Emrich 2008, S. 312).

3.3.1 Analytische Systeme

In der Literatur wird als erste Komponente bzw. als erster Aufgabenbereich von CRM-Systemen oftmals das analytische CRM genannt. Das analytische CRM nutzt, wie in Abb. 3.5 (Jacob 2012, S. 270) dargestellt, in verschiedenen Etappen traditionelle **Business Intelligence** (BI) Methoden. Das **Data Warehouse** bezieht sich dabei auf die Sammlung und Aufbereitung von Kundendaten. **Data Mining und Online Analytical Processing Systeme (OLAP)** dienen der Auswertung, wobei anhand von zugrunde gelegten Mustern und Hypothesen die Bedürfnisse des Kunden erörtert, geprüft und bestätigt werden. Dies soll dazu dienen, aktive Optimierungs-Maßnahmen abzuleiten (vgl. Gronwald 2015, S. 46 ff.).

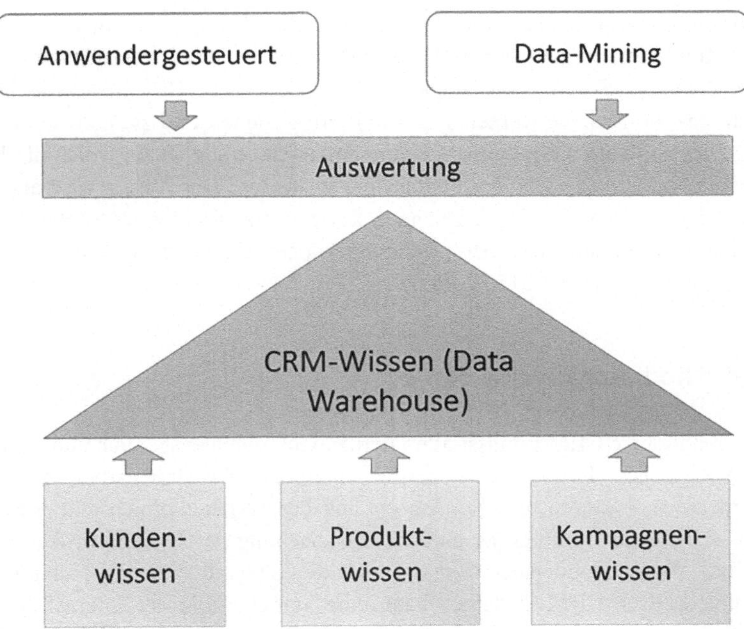

Abb. 3.5 Analytisches CRM

3.3.2 Operative Systeme

Das operative CRM setzt vom analytischen CRM vorgeschlagene Maßnahmen in Form automatisierter Lösungen für Marketing, Vertrieb und Service um. Für das **Marketing** gibt es beispielsweise Lösungen zur automatischen Abwicklung von Kampagnen. Im **Vertrieb** haben die Mitarbeiter zwecks Gewährleistung einer besseren Beratungsqualität Zugang zu Kundendaten und entsprechenden Verkaufshilfen. Abgerundet wird die ganzheitliche Lösung durch die Unterstützung der Service-Mitarbeiter, denen das Informationssystem beispielsweise Lieferfristen zur Verfügung stellt (vgl. Raab 2014).

3.3.3 Kommunikative Systeme

Das Management aller Kommunikationskanäle kommt als Aufgabe dem kommunikativen CRM zu. Die Abgrenzung zum operativen CRM ist nicht eindeutig, sodass es sich auch als dessen Teilbereich darstellen lässt. Das kommunikative

CRM umfasst insbesondere die Koordination aller Kommunikationskanäle zwischen Kunde und Unternehmen. Als Kanäle werden hierbei beispielsweise Telefonie, Internet, E-Mail und Social Media verstanden. Die unterschiedlichen Kommunikationskanäle werden synchronisiert, gesteuert und zielgerichtet eingesetzt. Dies soll eine bidirektionale Kommunikation ermöglichen, wobei die Kundenkontaktpunkte einen hohen Stellenwert aufweisen. Der Ansatz wird auch als Multi Channel Management bezeichnet. Zur Sicherstellung einer effektiven und effizienten Kommunikation bzw. Beratung können Gesprächsstandards definiert werden (vgl. Gronwald 2015, S. 46 ff.).

3.3.4 Kollaborative Systeme

Das kollaborative CRM umfasst alle internen Unternehmensbereiche und externe Geschäftspartner. Es soll eine partnerschaftliche Zusammenarbeit zwischen Unternehmen, Partnern und Kunden entlang der Wertschöpfungskette ermöglichen. Ziel ist die Optimierung und die Einbeziehung des Kunden in den Workflow des Wertschöpfungsnetzwerks. Durch die Integration neuer Technologien in kollaborativen CRM-Systemen kann eine Verbesserung der Interaktion aller Beteiligten erreicht werden, vorausgesetzt ein umfassender Informationsfluss, eine Vernetzung aller Bereiche sowie ausreichende Transparenz sind gegeben. Restriktionen können hervorgehen aus den Datenschutzbestimmungen beim Informations- und Datenaustausch durch Bildung von Netzwerken mit externen Geschäftspartnern. Dies liegt insbesondere daran, dass nicht alle Kundendaten an Dritte weitergegeben werden dürfen (vgl. Jacob 2012, S. 29).

3.4 Net Promoter Score als ausgewähltes Controllinginstrument

Wie in anderen Bereichen auch, gibt es im Kundenmanagement vielfältige Wege den Erfolg der Maßnahmen zu planen, zu steuern und zu kontrollieren. Aufgrund der aktuell zunehmenden Bedeutung wurde der Net Promoter Score (NPS) ausgewählt und im Folgenden nach einer allgemeinen Einführung ausführlicher dargestellt.

3.4.1   Controlling und Kundenwertmessung

Zur Evaluierung und leistungsbezogenen Messung von Aktivitäten innerhalb einer Unternehmung bedarf es geeigneter Kennzahlen. Welche **Key Performance Indicators (KPIs)** zur Messung des Erfolgs oder Misserfolgs einer Maßnahme betrachtet werden sollten, ist abhängig vom Unternehmen. Unabhängig von den KPIs setzt die Analyse eine korrekte und umfassende **Datenbasis** voraus. Bedingt durch die steigende Datenanzahl und Datenvielfalt besteht die Herausforderung des Controllings weniger in der Datenerhebung, sondern vielmehr in der Selektion, Aufbereitung und Zusammenführung relevanter Daten. Die analytische Messung von Erfolg wird dabei insbesondere durch die Vielzahl generierter Daten aufgrund steigender Nutzerzahlen über verschiedenen Kundenkontaktkanäle zunehmend komplexer (vgl. Mengen 2012, S. 20–22).

Im Bereich Kundenmanagement ist das **Ziel** des Controllings profitable Kunden mit einem **hohen Kundenwert** zu identifizieren. In der Praxis angewandte **Verfahren zur Kundenwertmessung** sind beispielsweise die ABC-Analyse, Scoring-Modelle, der Customer-Lifetime-Value (CLV) und die Kundendeckungs-beitragsrechnung. Bei der **ABC-Analyse** werden die Kunden zum Beispiel nach kumuliertem Jahresumsatz nach der 20-80-Prozent-Regel in A-B-C-Kundegruppen unterteilt. A-Kunden (20-%) sind für 80-% des Umsatzes verantwortlich und weisen demnach einen hohen Kundenwert auf. **Scoring-Modelle** sind im Gegensatz zur vorgenannten ABC-Analyse aufwendiger und zugleich individueller, da das Unternehmen die für sich relevanten Merkmale definieren kann und diese durch Punktevergabe für jeden Kunden bewertet. Die gewichteten und mit Punkten bewerteten Merkmale werden zu einem Gesamtkundenwert zusammengezählt, der als Rankinggrundlage dient. Beim **Customer-Lifetime-Value** wird der Kunde als eine Investition betrachtet. Die vom Kunden verursachten Ein- und Auszahlungen dienen zur Ermittlung des Barwerts, der den Kundenwert entlang des Kundenlebenszyklus darstellt. Bei der **Kundendeckungsbeitragsrechnung** werden die erwirtschafteten Deckungsbeiträge als Kundenwert genutzt. **Weitere Komponenten, die zum Kundenwert beitragen,** sind Cross-Selling-, Loyalitäts-, Referenz- und Informationspotenziale neben Weiterempfehlungspotenzialen. Letzteres lässt sich in der Praxis mit Hilfe des **Net Promoter Score** ermitteln, der im Folgenden betrachtet wird (vgl. Mengen 2012, S. 20–22).

3.4.2 Begriff und Ermittlung

Der Net Promoter Score (NPS) ist ein Instrument zur Quantifizierung der Kundenzufriedenheit insbesondere der Bereitschaft zur Weiterempfehlung. Zusätzlich weist das an der Harvard Universität erforschte Konzept eine strategische Komponente auf, mit dem Anspruch, dass jede unternehmerische Entscheidung langfristig zu einer Steigerung des Net Promoter Score führen sollte. Somit wird der NPS zur allgemein anerkannten und kontrollierbaren Zielgröße „Kundenzufriedenheit". Während der Net Promoter Score die eigentliche Kennzahl darstellt, beschreibt das Net Promoter **System** ein Vorgehensmodell zur Umsetzung von Verbesserungen aus Kundensicht. Diese Systematik wurde vom Miterfinder des NPS **Satmetrix** in einer Softwarelösung etabliert. Die Anwendung leitet neben der Messung der Kundenzufriedenheit Handlungsfelder zur Verbesserung auf der Grundlage des Kundenfeedbacks ab. Zusätzlich lassen sich dadurch die Schwachstellen identifizieren, die zusammen mit den Kundenwünschen Eingang in die Weiterentwicklung von Leistungen finden sollten (vgl. Paulus 2017).

Die Ermittlung des NPS erfolgt in einem **Zwei-Fragen-System.** Während der erste Teil eine Abfrage der Weiterempfehlungsabsicht beinhaltet, bietet der zweite Bereich Raum für Verbesserungsvorschläge aus Kundensicht. Die Weiterempfehlungsabsicht wird in ihrer ursprünglichen Form als Wahrscheinlichkeitseinstufung im Skalenbereich von Null bis Zehn abgefragt. Hieraus ergeben sich **drei Kundengruppen.** Im Bereich neun und zehn sind die **Promotoren,** die an das Unternehmen emotional und rational gebunden sind. Die zweite Gruppe bilden die **Passiven,** diese bewerten die Frage mit einer sieben oder acht. Sie sind weder an das Unternehmen gebunden noch unzufrieden mit der Leistung. Diejenigen, die den Zahlenbereich null bis sechs ankreuzen, gehören der Gruppe der **Detraktoren** an. Sie sind die Kritiker. Für die Berechnung relevant ist, wie auch aus Abb. 3.6 hervorgeht, der relative Anteil von Fürsprechern und Kritikern. Es wird der Prozentsatz der Kritiker vom Prozentsatz der Promoter abgezogen. Im Ergebnis bildet dies den Netto-Anteil der Promotoren (vgl. Haufe 2013).

3.4.3 Kritik und verwandte Kennzahlen

Der größte Kritikpunkt des NPS-Systems ist, dass es in Teilen **nicht spezifisch genug** ist. So führen Kritiker beispielsweise an, dass aus dem Ergebnis nicht hervorgeht, aus welchem Grund Detraktoren zum Kundenkreis zählen. Die Evaluierung solcher Zusammenhänge erfordert oftmals den Einsatz spezifischer Marktforschungsumfragen. Darüber hinaus gilt, dass eine NPS-Umfrage nur dann

Abb. 3.6 Berechnung des Net Promoter Score

zielführende Erkenntnisse und Hilfestellung bietet, wenn mit der Erstellung und Durchführung der Umfrage ein Plan bzw. Ziel verfolgt wird. Resultate ohne eine Handlungsabsicht sowie ohne verfügbare Ressourcen zur Durchführung von Veränderungen sind wertlos und nicht zielführend.

Eine verwandte Kennzahl ist der **Customer Satisfaction Score (CSAT).** Neben dem NPS ist die CSAT-Umfrage das meist verwendete Instrument zur Erfassung von Kundenmeinungen. Das CSAT-System bietet eine gute Messmöglichkeit von Veränderungen infolge veränderter Maßnahmen. Optimal ist dabei ein direkter Vergleich, wobei eine CSAT-Online-Umfrage jeweils vor und nach der Änderung versandt werden sollte. Hierdurch können Unterschiede direkt gemessen werden. Zusätzlich ist der Einsatz von CSAT empfehlenswert, wenn die allgemeine Wahrnehmung der Kunden zum Unternehmen sowie zum Erfüllungsgrad ihrer Erwartungen gewünscht ist. Der CSAT-Fragebogen bietet eine ganzheitliche Sicht auf die Kundenzufriedenheit (vgl. SurveyMonkey 2017).

3.4.4   Informationstechnik

Zur Ermittlung bzw. zur Erstellung von NPS-basierten Umfragen gibt es zahlreiche Werkzeuge und Softwarelösungen. Die am meisten verbreiteten Lösungen sind Umfrageplattformen und professionelle Systeme.

Surveyplattformen sind in der Regel onlinebasierte Umfragetools, die eine Erstellung, den Versand eines NPS-Onlinefragebogens sowie die Berechnung des NPS unterstützen. Bekannte und gängige Plattformen sind beispielsweise SurveyMonkey, Honestly und FluidSurveys.

Als **professionelle NPS-Systeme** werden Softwarelösungen verstanden, die nicht nur die Möglichkeit bieten, eine NPS-Umfrage durchzuführen, sondern im Falle des Satmetrix-Systems einen vollintegrierten Lösungsansatz zum effizienten Management von NPS bieten. Essenziell ist hierbei ein integriertes Datenmanagement, welches das Zusammenwirken aller relevanten Informationen (aus Einzeldaten und aggregierten Daten) in einem System ermöglicht. Dadurch können Verbesserungsmaßnahmen sinnvoll ermittelt und geplant werden (vgl. Paulus 2017, S. 3–6).

Eine **Gegenüberstellung** von Surveytools und dem Satmetrix-System macht deutlich, dass eine professionelle Lösung für etablierte Unternehmen mit einem breiten Funktionsumfang nur durch das professionelle System geboten wird. Für Startup-Unternehmen und diejenigen, die sich zunächst mit der Thematik NPS vertraut machen wollen, bieten Surveyplattformen eine gute Alternative.

3.4.5 Umfrage

In Abhängigkeit von der Branche, dem Unternehmen sowie der Geschäftsbeziehung (Business-to-Business oder Business-to-Customer) wird die Kundenzufriedenheit von den gleichen Kunden unterschiedlich bewertet. Das zeigt eine im Mai/Juni 2017 als Studentenprojekt an der Hochschule Kaiserslautern durchgeführte Umfrage.

Nach der NPS-Methode sollte eine Bewertung auf einer Skala von Null bis Zehn für die Bank, das Hotel, ein Gastronomiebetrieb, den Schreibwarenladen, die Versicherung und zuletzt den Baumarkt erfolgen. Das Resultat ist aus der Abb. 3.7 ersichtlich.

Der NPS ist in den Branchen **Bank und Versicherung** und im **Schreibwareneinzelhandel** negativ. Dies liegt gegebenenfalls an dem Image solcher Branchen. In der **Gastronomie und Hotellerie** konnte ein positiver NPS verzeichnet werden. Überraschend ist der Vergleich des NPS bezogen auf den physischen Besuch (hier als allgemein bezeichnet) und der NPS bezogen auf die Website. Während Banken **allgemein** einen negativen NPS aufweisen, hat deren **Websiteauftritt** überwiegend Promoter, was in einem NPS-Wert von 5,5 % resultiert. Umgekehrt verhält es sich bei der Gastronomie, deren NPS-Wert für den Onlineauftritt minus 20 % beträgt. Dies lässt darauf schließen, dass insbesondere in bestimmten Regionen der Onlineauftritt von Gastronomen vernachlässigt wird, da sie nach wie vor auf virales Empfehlungsmarketing und Stammkunden setzen.

Vergleicht man das Ergebnis mit den **Antworten der Geschäftskunden** zeigt sich ein besseres Bild (Abb. 3.8). Geschäftskunden sind demnach zufriedenere Kunden, da die NPS-Werte grundsätzlich besser sind als diejenigen der Privatkunden. Dies kann daran liegen, dass Geschäftskunden eine andere Wertschätzung erfahren.

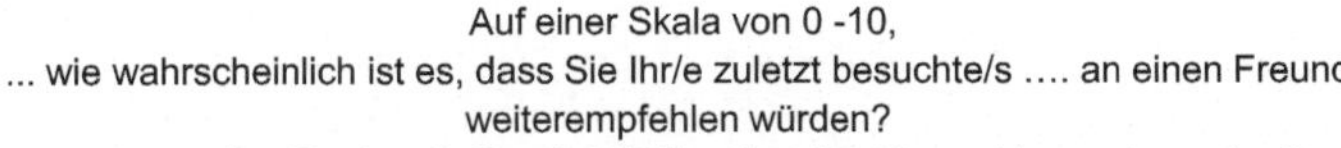

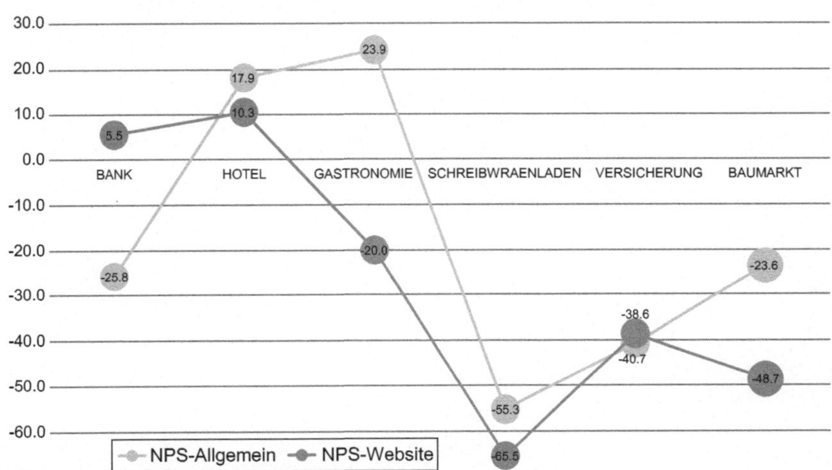

Abb. 3.7 NPS-Ergebnisse verschiedener Branchen aus Privatkundensicht

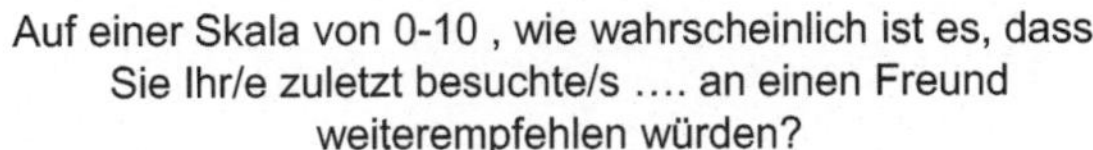

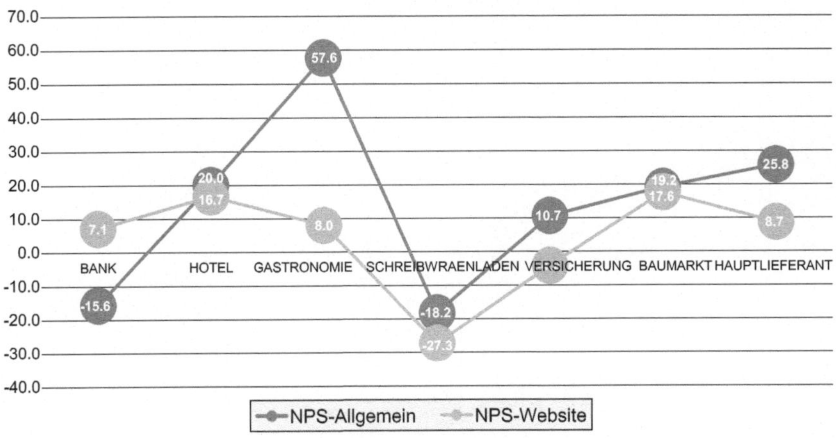

Abb. 3.8 NPS-Ergebnisse verschiedener Branchen aus Geschäftskundensicht

Was Sie aus diesem *essential* mitnehmen können

- Die technische Umwelt entwickelt sich mit zunehmender Geschwindigkeit
- Die Ansprüche von Kunden im technischen und nicht-technischen Bereich nehmen weiter zu
- Unternehmen müssen auf diese Herausforderungen mit der richtigen Kombination aus Technik und neuen Ideen reagieren
- Der Net Promoter Score ist dazu ein mögliches zentrales Steuerungsinstrument

© Springer Fachmedien Wiesbaden GmbH 2018
M. Jacob, *Kundenmanagement in der digitalen Welt*, essentials,
https://doi.org/10.1007/978-3-658-20067-1

Literatur

Augmented Minds. (2017). Was ist Augmented Reality. www.augmented-minds.com/de/ erweiterte-realitaet-anwendung/was-ist-augmented-reality. Zugegriffen: Sept. 2017.

Bendel, O. (2017). Gabler Wirtschaftslexikon – Virtuelle Realität. http://wirtschaftslexikon. gabler.de/Definition/virtuelle-realitaet.html. Zugegriffen: Sept. 2017.

Berninger, S. (2016). Kundenakquise. https://bluepartner.de/blog/kundenakquise-metho-den-neukundengewinnung/. Zugegriffen: Sept. 2017.

Bitkom. (2013). Die Zukunft der Consumer Electronics. http://www.digitalestadt.org/bit-kom/org/noindex/Publikationen/2013/Leitfaden/Die-Zukunft-der-Consumer-Electro-nics-2013/130904-CE-Studie.pdf. Zugegriffen: Sept. 2017.

Brasch, C., Köder, K., & Rapp, R. (2007). *Praxishandbuch Kundenmanagement: Grundlagen, Fallbeispiele, Checklisten nach dem ULTIMA-Ansatz.* Weinheim: Wiley-VCH.

Bruhn, M. (2016). *Kundenorientierung, Bausteine für ein exzellentes Customer Relationship Management (CRM).* München: Deutscher Taschenbuch Verlag.

Bruhn, M., Esch, F.-R., & Langner, T. (2009). *Handbuch Kommunikation.* Wiesbaden: Gabler.

B2B Consulting. (2017). B2B Kundenbindung- http://www.cu-ma.com/b2b-kundenbin-dungsstrategie-kundenorientierung-kundenstrategie/. Zugegriffen: Sept. 2017.

Campanini, E.,& Franke, M. (2017). Führende Unternehmen im B2C und B2B Bereich richten ihre Aufmerksamkeit auf digitales Kundenmanagement. https://www.bearing-point.com/de-de/unsere-expertise/fachbereiche/digital-strategy/digitales-kundenmana-gement/. Zugegriffen: Sept. 2017.

CP-Monitor. (2013). Big Data – Hype oder das Marketing der Zukunft, Heft 4.

Duden. (2017). Virtual reality. http://www.duden.de/rechtschreibung/Virtual_Reality. Zuge-griffen: Sept. 2017.

Emrich, C. (2008). *Multi-Channel-Communications- und Marketing-Management.* Wiesba-den: Gabler.

FAZ. (2017). Facebook will Gedanken lesen. http://www.faz.net/aktuell/wirtschaft/netz-wirtschaft/der-facebook-boersengang/entwicklerkonferenz-f8-facebook-will-gedanken-lesen-14979218.html. Sept. 2017.

Filip, A. (2017). Best Practice: Prozessanforderungen im Kundenmanagement. https:// www.ec4u.de/wp-content/uploads/2012/07/Leitfaden-Prozessanforderungen-im-Kun-denmanagement.pdf. Zugegriffen: Sept. 2017.

© Springer Fachmedien Wiesbaden GmbH 2018

M. Jacob, *Kundenmanagement in der digitalen Welt,* essentials,

https://doi.org/10.1007/978-3-658-20067-1

Forrester. (2017). Mobile moments. https://go.forrester.com. Zugegriffen: Sept. 2017.

Gouthier, M. (2010). Der Weg von der Kundenzufriedenheit zur Kundenbegeisterung. http://www.interaktive-arbeit.de/files/pia-tagung_gouthier.pdf. Zugegriffen: Sept. 2017.

Greve, G. (2010): Kundenorientierte Unternehmensführung als Managementherausforderung- In Greve, Benning-Rohnke (Hrsg.) – Kundenorientierte Unternehmensführung, Gabler, Wiesbaden.

Gronwald, K.-D. (2015). *Integrierte Business Informationssysteme*. Berlin: Springer.

Haufe. (2013). Das ist der NPS. https://www.haufe.de/marketing-vertrieb/crm/interview-mit-dr-claudio-felten-zum-net-promoter-score-nps/info-das-ist-der-nps_124_182690.html. Zugegriffen: Sept. 2017.

Haufe. (2016). Wann Chatbots im Kundenservice sinnvoll sind. https://www.haufe.de/marketing-vertrieb/dialogmarketing/call-center-wann-chatbots-im-kundenservice-sinnvoll-sind_126_370068.html. Zugegriffen: Sept. 2017.

Hippner, H., Hubrich, B., & Wilde, K. (Hrsg.). (2011). *Grundlagen des CMR Strategie, Geschäftsprozesse und IT-Unterstützung*. Wiesbaden: Gabler.

Imageberater-nrw. (2017). Kundenverhalten – Käuferverhalten – Konsumentenverhalten. https://www.imageberater-nrw.de/ib-kompetenzbereiche/psychologie/hintergrundwissen-kundenverhalten-k%C3%A4uferverhalten-konsumentenverhalten/. Zugegriffen: Sept. 2017.

Internetworld. (2017). Mobile Moments: Die neue Realität im Marketing. http://www.internetworld.de/onlinemarketing/expert-insights/mobile-moments-neue-realitaet-im-marketing-1188068.html. Zugegriffen: Sept. 2017.

Inventorum. (2017). Die 7 häufigsten Kundentypen und Tipps, wie man sie besser beraten kann. https://www.inventorum.com/de/was-fuer-kundentypen-es-gibt-und-wie-man-ihnen-am-besten-begegnet/. Zugegriffen: Sept. 2017.

Jacob, M. (2012). *CRM und E-Business*. Zweibrücken: Hochschule Kaiserslautern.

Jacob, M. (2012). *Informationsorientiertes Management – Ein Überblick für Studierende und Praktiker*. Wiesbaden: Gabler.

Jüngling, T. (2013). Ikea-App-projiziert-Moebel-in-die-eigene-Wohnung. https://www.welt.de/wirtschaft/webwelt/article119525750/Ikea-App-projiziert-Moebel-in-die-eigene-Wohnung.html. Zugegriffen: Sept. 2017.

Kaufmann & Kirner. (2017). Mystery shopping. http://www.mystery-shopping-and-more.de/leistungen/mystery-shopping-analysen. Zugegriffen: Sept. 2017.

Kittinger, A. (2010). Serviceorientierung und partnerschaftliches Handeln im B2B-Vertrieb.

Kurzmann, H., & Reinecke, S. (2016). Kundenintegration – sind Kunden die besseren Mitarbeiter? http://www.marke41.de/content/kundenintegration-sind-kunden-die-besseren-mitarbeiter. Zugegriffen: Sept. 2017.

Lammenett, E. (2015). *Praxiswissen Online-Marketing*. Wiesbaden: Gabler.

Marketinginstitut. (2017). Customer journey, marketinginstitut.biz. Abgerufen am 28. 07 2017 von https://www.marketinginstitut.biz/blog/customer-journey/. Zugegriffen: Sept. 2017.

Meffert, H., Burmann, Ch., & Kirchgeorg, M. (2008). *Marketing, Grundlagenmarktorientierter Unternehmensführung, Konzepte – Instrumente – Praxisbeispiele*. Wiesbaden: Gabler.

Meier, A., & Stormer, H. (2012). *eBusiness & eCommerce, Management der digitalen Wertschöpfungskette*. Berlin: Springer-Verlag.

Mengen, A. (2012). Kundenmanagement mit Kundenwert. *Controller Magazin, 37*(6), 20–26.

Microsoft. (2017). Hololens. https://www.microsoft.com/de-de/hololens/buy. Zugegriffen: Sept. 2017.

Molch, M.,& Litzel, N. (2016). Chancen und Herausforderungen von Big Data im Marketing. http://www.bigdata-insider.de/chancen-und-herausforderungen-von-big-data-im-marketing-a-542871/. Zugegriffen: Sept. 2017.

Paulus, M. (2017). Vergleich von Online-Survey-Tools mit der Satmetrix-Lösung für NPS-Programme.

Paulus, M. (2017). Net promoter score. http://www.net-promoter.de/methode-des-nps.html. Zugegriffen: Sept. 2017.

Raab. (2014). Kommunikation im Kundenprozess – Customer Relationship Management. http://www.raab-verlag.de/blog-news/kommunikation-kundenprozess-customer-relationship-management/. Zugegriffen: Sept. 2017.

Ratajczak, O. (2010). *Erfolgreiches Beschwerdemanagement. Wege zu Prozessverbesserungen und Kundenzufriedenheit*. Wiesbaden: Gabler.

Rennhak, C. (2014). Konsistent, hybrid, multioptional oder paradox? – Einsichten über den Konsumenten von heute. In M. Halfmann (Hrsg.), *Zielgruppen im Konsumentenmarketing, Segmentierungsansätze – Trends – Umsetzung*. Wiesbaden: Springer.

Schueller, A. (2017). Kundenrückgewinnung. http://blog.anneschueller.de/11-tipps-zur-kundenrckgewinnung/. Zugegriffen: Sept. 2017.

Schuster, N. (2015). Die Wasserlochstrategie. https://www.trafficgenerator.de/die-wasserloch-strategie/. Zugegriffen: Sept. 2017.

Spreer, P., Kallweit, K., Gutknecht, K., & Toporowski, W. (2012). *Augmented Reality – Digital erweiterte Realität im stationären Handel*. Wiesbaden: Springer.

Statista. (2017). Smartphone Nutzer weltweit. https://de.statista.com/statistik/daten/studie/309656/umfrage/prognose-zur-anzahl-der-smartphone-nutzer-weltweit/. Zugegriffen: Sept. 2017.

Statista. (2017). Ranking der größten Social Networks und Messenger nach der Anzahl der monatlich aktiven Nutzer (MAU) im August 2017 (in Millionen). https://de.statista.com/statistik/daten/studie/181086/umfrage/die-weltweit-groessten-social-networks-nach-anzahl-der-user/. Zugegriffen: Sept. 2017.

SurveyMonkey. (2017). Why use NPS. https://www.surveymonkey.de/mp/nps-pros-cons-why-use-nps/. Zugegriffen: Sept. 2017.

T3N. (2017). Warum Augmented Reality doch noch das nächste große Ding werden kann. http://t3n.de/news/augmented-reality-ar-806294/. Zugegriffen: Sept. 2017.

Unternehmen Heute. (2016). Löwenstark Online-Marketing GmbH berichtet über Erfahrungen mit Bewertungen im Internet. http://unternehmen-heute.de/news.php?newsid=374738. Zugegriffen: Sept. 2017.

Wulff, S. (2010). Studien belegen: Social Media beeinflusst Kaufverhalten und verbessert das Shop-Image. http://shopbetreiber-blog.de/2010/08/31/studien-belegen-social-media-beeinflusst-kundenverhalten-und-verbessert-das-shop-image/. Zugegriffen: Sept. 2017.